LI WEIDONG | 李维东

· 山东省建筑设计研究院有限公司第五分院

（绿色医院设计研究所）院长兼总建筑师

· 山东省工程勘察设计大师

· 首届“中国十佳医院建筑设计师”获得者

· 国家一级注册建筑师

· 工程技术应用研究员

·《医养环境设计》编委

·《中国医院建筑与装备》编委

·《中国卫生工程》编委

· 中国绿色建筑与节能委员会绿色医院建筑学组委员

· 中国医学装备协会医院建筑与装备分会常务委员

· 中国医院协会医院建筑系统研究分会常务委员

· 山东省卫生经济协会卫生规划建设专业委员会副主任委员

图书策划： 北京筑医台文化有限公司

特别鸣谢： 北京三维海容科技有限公司

广东华展家具制造有限公司

苏州金螳螂建筑装饰股份有限公司

LOOK | 看了，再闭上眼睛，用心去观察

LISTEN | 听了，再捂上耳朵，用心去倾听

HEART | 唯有用心 方得始终

SMELL | 闻了，再遮住鼻子，用心去品味

SAY | 说了，再挡住嘴巴，用心去表达

明日医院·大设计师系列

从心设计

自在生成的医疗建筑

李维东 主编

中国出版集团
研究出版社

图书在版编目（CIP）数据

从心设计：自在生成的医疗建筑 / 李维东主编 .--
北京：研究出版社，2020.5

ISBN 978-7-5199-0903-1

Ⅰ . ①从… Ⅱ . ①李… Ⅲ . ①医院－建筑设计
Ⅳ . ① TU246.1

中国版本图书馆 CIP 数据核字（2020）第 064428 号

出 品 人：赵卜慧
责任编辑：陈侠仁

从心设计：自在生成的医疗建筑
CONGXIN SHEJI ZIZAISHENGCHENG DE YILIAO JIANZHU

李维东 主编

研究出版社 出版发行
（100011 北京市朝阳区安华里 504 号 A 座）
北京圣艺佳彩色印刷有限责任公司　新华书店经销
2020 年 6 月第 1 版　2020 年 6 月北京第 1 次印刷
开本：787 毫米 ×1092 毫米　1/16　印张：14
字数：200 千字

ISBN 978-7-5199-0903-1　　定价：218.00 元

邮购地址 100011　北京市朝阳区安华里 504 号 A 座
电话（010）64217619　64217612（发行中心）

敏感而专注

当今社会处于高速发展阶段，高铁、微信、自媒体、移动支付、5G 网络等新技术更新迭代、日新月异，促进了传统行业的转型升级和新行业的出现，极大地影响和改变了我们的工作生活状态。

医疗建筑作为人民健康福祉的重要保障工程，更是要集聚新技术来提高服务能力，这必然会引起医院功能的改变、医疗模式的调整、运营管理的升级，这也是医疗建筑设计持续发生变化的重要因素。面对复杂多变的设计对象和设计条件，设计师或许唯有敏感而专注才能设计好医疗建筑。

敏感，意味着设计师要对所有新技术保持好奇的态度，了解它，分析它可能带来的影响；

敏感，意味着设计师要梳理所有医疗建筑设计的条件，特别是隐含的因素，寻找设计的生成条件；

敏感，意味着设计师要对病人怀有仁爱之心，感同身受，安抚病人的不安、恐慌和无助；

敏感，意味着设计师要对生命有细腻丰富的体验和感受，赋予建筑以生命和爱；

专注，意味着设计师要心无旁骛，富有使命感地去工作；

专注，意味着设计师要在众多诱惑之下，聚焦医疗设计，投入更多的精力和心血；

专注，意味着设计师通晓全局后在观念落实时的全面把控；

专注，意味着设计师在设计细节方面的全方位推敲；

…… ……

唯有敏感而专注，才能感应所有的变化，在设计中去作出妥帖的反应；才能重视人文，以完美的体验感充实我们的设计。这样做，才能做出一个好的医疗建筑！

受邀编写这本书，起初觉得三十年的医疗建筑设计经历有许多想法要写，但动笔之后才发现困难很多。作为一名建筑师，工作的重点是全局掌控，对相关专业如智能化、医疗工艺等并非专长，写起来发现自身有许多短板，越发惶恐。好在当初由于自身水平和能力，也没有想写成一部系统性专著，于是把工作中设计流程和遵循的理论以及自身的态度写出来，希望成为大家的“无用”之书，看完之后把它忘掉吧！或许格罗皮乌斯说的这句话能表明我的想法：“没有成见的空虚是创造性想法所需要的心理状态。”当然，我理解这个“空虚”是在熟知各种背景知识后不受束缚而产生的空虚。

感谢三十年来给予我帮助和支持的师长、领导、同事、业主和各界朋友！你们的肯定和鞭策让我在医疗建筑设计一线依然心怀梦想、砥砺前行，因为这里有成就感和幸福感！

中国医疗建筑的建设将因社会进步和经济发展而持续比较长的一段时间，这期间还有旧医院的改造任务，我们医疗建筑设计师处于一个全球同行羡慕的工作环境，让我们敏感而专注地去设计吧！争取弯道超车，为国人建设世界一流的医院！

李维东

二〇二〇年七月

目录 Contents

第一章　何为自在生成

为了躲避风雨、烈日和洪水猛兽，在远古时人类就开始了搭棚砌屋的建筑活动。随着人类的进化、社会的发展，建筑日益成为社会生产的最重要行业之一，并成为人类文明的重要载体。世界各地自然环境、生产资源有很大不同，因而呈现出明显不同的建造方式和外部形象，形成了丰富多彩的世界建筑体系，如块石构成的希腊神庙、混凝土浇筑的罗马万神庙、木构的北京故宫。即便是一个国家内，由于地域和自然环境的不同，同一类建筑也会呈现出巨大的差异，如中国南方的干栏式民居、西部的窑洞、北方的四合院。在当今社会，由于全球化的发展和信息传播的高度发达，建筑设计有趋同的现象，有一些建筑师就在实践中研究建筑设计的内在规律、生成逻辑，以期引导众多建筑师分析建筑的性质和功能、所处的自然环境和人文环境，设计出符合大众需求并具有地域性、文化性和时代性的优秀作品，延续建筑发展的多样性。

布正伟就是一位这样的建筑师，他在 20 世纪 80 年代开始进行设计理论研究，并最终提出自在生成论，不但分析研究了建筑的内在生成规律，也强调了建筑师的职业道德和价值观念对建筑的影响，这些理论对建筑师有现实性和前瞻性的指导作用。

第一节 自在生成论的产生和发展

中国在改革开放以后，整个社会发生了巨大而深刻的变革，在建筑界也有明显的反映。一方面，国外的现代主义、后现代主义、解构主义、高技派等设计理念逐渐传进国内，文丘里的母亲住宅、柯布西耶的朗香教堂、皮亚诺的蓬皮杜文化中心等丰富多彩的作品对国内千篇一律、相对稳定且缺少变化的建筑产生很大的冲击；另一方面，改革开放也给建筑师带来了新机遇，建筑界开展了“解放思想、繁荣创作”的讨论和实践，国内设计思想开始活跃起来。可以想象，经过十年思想禁锢的建筑师，一旦有了创作的机会，内心是多么激动。设计作品表现开始丰富起来，建筑师的个性和情感也在设计中有了展现，出现了一批以杭州黄龙饭店为代表的既根植于传统文化又符合现代理念的经典建筑。毋庸讳言，也形成了盲目跟风模仿的潮流，如现代主义、后现代主义、欧陆风等，一时间，各种风格和流派交替甚至混杂着出现，建筑界除了跟风以外，出现了彷徨徘徊的局面。在这种大背景下，身在其中的第三代建筑师布正伟开始了建筑美学理论思考，希望走出表面风格和流派的困惑，走东方之道，做中国建筑。他在 80 年代初，发出了“大家都要有自己的”呼唤，一边探索一边实践，从最早的“自我表现”过渡到“自在表现”，经过近二十年的体验与思辨，最终形成系统的设计理论 —— 自在生成论。

布正伟从本体论、艺术论、文化论、方法论、归宿论五个方面阐述了自在生成论。在本体论中，布正伟没有从传统的“三要素”“双重性”或者“形式与功能”等习惯思维模式去诠释建筑的本源问题，而是从另一个观念去切入建筑的本体 —— 建筑是人类用物质去构成并以精神去铸造的不断变换着的生活容器。对这种“不断变换着的生活容器”而言，强调的不是物质构成，而是“精神铸造”，从而在另外一个角度探究了建筑本体论：建筑的各个要素和影响建筑的各种因素，可以分成两个基本系统，即建筑的理性系统，如环境、功能、技术、经济、效益等；建筑的非理性系统，如创作激情、情感经验、情感模式、艺术个性以及艺术审美中的情节、情趣、情调等。进一步说明对建筑本性起决定性作用的是“理性”和非理性中的“情感”。

图 1-1-1

图 1-1-1 布正伟《自在生成论》，出版于 1999 年

理性要求设计师要注重建筑的物质性和功能性。建筑发端于理性，设计师要对建筑的技术性、科学性、经济性、逻辑性、整体性、时代性等“理性内核”给予充分、全面的关注。

情感是建筑的另一面。一方面，建筑师必定带着情感投入创作。这是由于随着社会发展，人们对建筑的情感要求也就越高级、越复杂，建筑师必须面对这一要求。另一方面，建筑师在日常生活和工作中的情感积累，在设计中会自然地流露出来，再加上为了强化设计特色，建筑师会本能地加强情感的表达。“情感就是传递能量的载体，或者说它本身就是能量了。”

客观的现实因为情感的介入而引起不同的结果，丰富多彩的建筑也许是形成不同文化的一个因素。“文化的奇异多端是一项极其重要的人类资源。”情感在这一过程中起到了很重要的作用。

在自在生成的艺术论中，主要阐述了空间与环境的关系。以往建筑艺术的核心是“空间”，而处于变革中的建筑艺术核心则外延成“环境”。前者更多的是着重建筑空间实体本身，而后者，却是将建筑空间实体仅仅看作是环境艺术中的一个组成部分，建筑成了“环境中的建筑”，这是一个视野的变化。这种变化，让人们更清醒地认识到：建筑艺术应该是一个由外界（外部空间环境）、中界（建筑空间实体）和内界（内部空间环境）多项互动、彼此贯通的“全境界”系统。在这个系统中，我们要对建筑及室内空间之外的环境更加关注和理解，变革中的建筑艺术是建立在环境艺术基础之上的。

环境艺术是指在一定的场所范围内，积极调动和综合发挥各种艺术手段和技术手段，使包围人们生活的时空环境具有某种艺术气氛乃至艺术意境的大众艺术。美国环境设计理论家多伯指出：“我认为环境艺术，它作为一种艺术，比建筑艺术更巨大，比规划更广泛，比工程更富有感情。这是一种爱管闲事的艺术，无所不包的艺术，早已被传统所注目的艺术。”这句话使我们对空间与环境的关系有了更好的理解。从宏观来看两者的关系，环境更重要，我们在设计建筑时一定要考虑其所处的环境。意大利城市设计师说的“好的建筑并不带来好的城市，而差的建筑也并不一定产生坏的城市”，更有助于我们对空间与环境相对关系进行理解。

“如果不从建筑物所在的具体的外部空间出发，那么不论是建筑设计还是环境设计都将失去依据而无从下手。”建筑艺术中的空间与环境共生互补而不能分割。以往的学术著作，都偏爱“空间”，降低了“环境”在建筑艺术创作中的地位和作用，“空间”成了唯一的主角，而“环境”只是附属于“空间”，这种认识是不正确的，“成功的建筑艺术，总是一种交融的关系艺术”。

在自在生成的文化论中，主要阐述了建筑的内涵和外显。

建筑的内涵包括：

（1）物质文化方面的属性——具有提供人们享用的空间环境，同时具有为实现这一目的而必须提供的经济技术手段；

（2）精神文化方面的属性 —— 在空间环境创造中所渗透的来自哲学、伦理、宗教等方面的生活理想，以及来自民族意识、民俗风情等方面的审美心态等；

（3）艺术文化方面的属性 —— 贯彻于艺术审美方面的意念及其拓展开的表现内容。

建筑的外显包括：

（1）艺术气氛 —— 与建筑性质、使用功能相协调；

（2）文化气质 —— 与建筑所处自然环境、人文环境相和谐；

（3）时代气息 —— 与建筑诞生的时空背景相呼应。

设计师在进行建筑创作时，首先要搞清楚几个问题：

（1）究竟哪些文化因素可以掺和到建筑设计的“物化”过程？

（2）又有哪些东西可以从“物化”了的建筑作品中得以显露？

（3）在建筑设计的“物化”过程中，建筑内涵与外显怎样互相转换？

（4）建筑作品的文化艺术魅力又是怎么产生的？

显然，在进行建筑设计时，设计师首先要弄清楚建筑性质、使用功能，熟悉它在大众眼中的建筑性格预期，还要研究分析其所在的自然环境、人文环境（包含着个人情感），以及当前恰当的技术才能设计出有不同文化内涵的建筑。在这三个因素中，建筑文化气质是建筑呈现不同外显的重要原因。

在自在生成的方法论中主要阐述了展现特色的设计原则。在建筑领域，能被称为“艺术个性”或“艺术特色”的，都意味着艺术表现中某种“成熟的差异”，而寻求“差异”的手段是把握“变化”。设计中引起“变化”的时机来自以下几个方面：（1）设计课题所提出的特定物质功能要求或精神功能要求；（2）实现目标所受到的特殊制约；（3）建筑师在设计过程中（包括生活体验中）的意外机遇。建筑设计中看准和把握好这些机会，才有可能引发新思路、新手法，这就涉及变化机制中的“随机”和“随意”。随机是指依照情势，顺应时机，而不是“自由组合”的、不设任何条件的、涉及概率的“随机”。随意是指任凭自己的意愿，随心所欲。在建筑创作中，随机性的把握是随意性发挥的前提，而随意性发挥需要在设计的总体构思中加以权衡。随机和随意的互动共生的状态是间断性的。但优秀的建筑师在工作中总是能比较频繁地进入随机和随意的互动状态，这得益于他们在三个方面的“积累”优势：

（1）积累了丰富的生活体验。其中包括对建筑类型使用功能的体验、对各种自然环境及人文环境的体验、对城市各种机能的体验等；

（2）积累了典型的设计图式。不论是其设计思路还是设计手法，一旦在筛选中进入设计师记忆库中，那么，这些设计图式时刻都可以成为引发随机和随意互动共生的信息源泉；

（3）积累了丰富的解难经验。随机和随意互动共生是为了在突破中解难点，解难点的经验越丰富，那么把握随机性和随意性的自由性就越大。

在解难点、寻求变化、力图达到自在生成的目标时，需要遵循一个最基本的原则：视野要宽广，在建筑所对应的环境意象中，寻找认定并能突破大关系的重要契机。

经过长期学习和实践，高水平设计师还会产生设计直觉和无意识创造，为建筑创作增添灵感。设计直觉自然会与设计经验相关联，但它已不是设计经验本身，而是由此升华产生的对“设计”迅速做出反应和判断的一种天赋的认识能力。设计直觉的形成与建筑师的素质、悟性等天资条件有一定关系，但若离开实践，设计直觉也无从谈起。我们不能低估无意识创造对建筑创造所产生的积极影响。现代主义建筑学派创始人瓦尔特 · 格罗皮乌斯（Walter Gropius）认为，“没有成见的空虚是创造性手法所需要的心理状态”。然而，在肯定无意识创作的同时，不能把它无限夸大。只有在意识充分起到它应有作用的情况下，无意识才能向自由创作的境界升华。

自在生成的归宿论阐述了建筑师需要不断修炼，跨越创作障碍，才能最大程度地接近自在生成论的终极目标。建筑创作中需要分析建筑升起或败落的内部条件或主要条件（即因）和外部条件或辅助条件（即缘），这些因缘总是与建筑创作中存在的各种“障碍”相生相克的。如果不讲因缘，不讲条件和依据，建筑可以任人乱说、乱写、乱道，那就无所谓障碍，如果没有“障碍”，也就没有“解难点”的创作构思，没有建筑设计、城市设计。在这种错综复杂的因缘关系中，每当有了部分对某种创作障碍的跨越，就会出现一种具有进步意义的新风格、新流派，但它并不意味着是放之四海而皆准的新模式，否则，最终它又成为建筑创作中的新障碍。因而，建筑师需要通过“完作、通察、深省、入境、圆融和归真”六个方面全面修炼，在通达无碍中悉解建筑因缘，跨越创作障碍（包括建筑师自身障碍），让建筑作品“应机而生、随缘而成”。这便预示着自在生成之路的目标不仅建立在建筑因缘的差异与建筑文化的多样性基础上，也建立在建筑师职业道德及其价值观念基础上。

布正伟通过对自在生成论这五个方面的论述，呈现给大家的不仅是一种具体的设计方法，更多的是一种有益的思想理念，透过表面的现象，研究背后的因缘，追求“在一定的建筑工程条件下，敬从规律，随缘入境，自在生成”的结果。在探索创作、思考理论的早期，国外的一个案例给了布先生莫大的启示：1986 年赴美考察，与某著名设计公司交流时，一个不起眼的设计实例演示，让他难忘。这是一个不足 1000 平方米的小型文化建筑，坐落在城市郊区丘陵缓坡的绿地上。先是分别出现的几张片子，每张片子反映的是平面设计的不同结果，是按不同的参照因素去做的。这些参照因素是：与地形相适应的布局方式、与郊区道路的便利联系、朝向和通风的良好条件、坡地植被的充分利用、环境景观的最佳效果等。这样，每张片子表现的平面设计的不同结果，都是由我们对建筑平面进行“分解设计”得来的。那么，如何才能拿到最终的设计答案呢？这就需要把这些片子“重叠”起来察看，以透明片子上设计图叠加后的重合部分为参照，在透明片子之间交错移动的观察过程中，通过综合考量和整体协调，去找到形式上尽善尽美而又有尽可能多的重叠覆盖范围的图像。在这个最佳平面设计结果的基础上，便可以去完成它的后续设计了。

正是这样的初始概念，让布先生抓住了“看建筑”和“做建筑”这两条基本脉络：一条是“分解”，对建筑的整体概念进行拆分，即从不同视角去解开建筑整体的构成之谜；另一条是“整合”，汇总由分解思路收集到的与设计相关的各种信息，并在综合与协调的权衡、取舍、完善中，“整合”出我们所希求的“建筑之果”来。

从专著中也可以看出这个案例确实对他的影响重大，也有助于我们对自在生成论的理解。实际上，自在生成论不是一气呵成或者一蹴而就的。在近二十年的探索中，他在不同的时期有不同的思索重点或者思索层面，有不同的文章发表，最后生成了有深度、从不同角度论述的、较全面的理论——自在生成论，自在生成论本身就是自在生成的。

《自在生成论》成书于 1999 年，正如前面所述，布正伟在 20 世纪 80 年代国外设计理论和各种流派涌入中国时，针对国内创作中的跟风、抄袭、迷茫的现象提出走自己的东方设计之道，经过思考、探索和总结而成，因而有其特定的时代背景，书名下还附加了一个提示性的副书名“走出风格和流派的困惑”。正如宿命论中提到的“修炼与跨越”，他自己在提出自在生成论后经过大量的实践和探索，跨越障碍、突破自己，又写了大量文章和评论，在 2017 年的专著《建筑美学思维与创作智谋》中又对自在生成论做了一些补充，但其基本观点和核心思想没变，在“风格和流派”已从建筑语境淡出的时代背景下，讲求运用“自在生成”原理和创作方法去探索“资源共享的最大化与最优化”，将《自在生成论》的副书名改为“以不变应万变的建筑之道”，体现出其理论的现实性和前瞻性。

图 1-1-2

图 1-1-2 布正伟《建筑美学思维与创作智谋》，出版于 2017 年

自在生成论讲求探究建筑因缘，对建筑性质、使用功能、自然环境、人文环境、时代气息进行全面发掘和分析，综合应对，最后使建筑“应机而生、随缘而成”。理论中的“自在”，布先生应用得非常精妙。俗语讲“自在”是身心舒畅、无拘无束；道家讲“自在”是无所达致、自然而然的存在状态；佛家讲“自在”是心离烦恼、通达无碍。而布先生讲的“自在”原来是自由、解放进而引申为解脱之意，后来则指向两种状态：一是指建筑师在创作时所进入的实诚无邪、情境致远、收放自如的心态或心境；二是指建筑作品生成时那种自然而得体的状态所展现的物境或语境。不论怎么解释，自在生成论中的“自在”都应归到按事情内在机制而有逻辑地去创作，但又强调不存在一成不变的模式，“法无定法，非法法也”才是“自在”的最高创作境界。然而，如同布先生文章中常出现的“熟悉的陌生”“顺眼中的别扭”这类充满矛盾但体现辩证思维的话语，建筑自在生成的过程中，设计师注定是不自在的，他必定经过反复思考、苦心煎熬的创作，在付出外人无法理解的精力和体力代价后，“如果不出什么大漏子的话，当建筑落成的时候，建筑本身是自在的，观者和用者是自在的，这时，建筑师才可能自在起来”。

自在生成论对医院设计更具有指导意义。首先，医疗建筑相比其他民用建筑，功能更复杂，功能属性更强烈；其次，作为规模越来越大的民生工程，在社会功能和城市环境中扮演的角色更显眼，承担的责任更重大，因而我们更需要分析它的功能属性和外在相关设计条件，做出更有针对性的、适应所处环境的高质量医院，为人们提供全方位人文关怀的医院，让人们特别是病人在其中身心舒畅、心离烦恼，有“自在”的心境，真正达到医疗的本原：促进患者自身拥有的自然治愈力，并排除阻碍这种自愈的因素。

著名肿瘤专家华益慰临终时说过：“真正让自己康复的可能不是药。”那么，能让人康复的是什么？也许是“自在”！按自在生成论指导完成的医院应该生成更多的这种“自在”！

第二节 理论提升设计水平的思考

设计师在设计创作中都会自觉或不自觉地应用过去学到的理论，考察现场，了解需求，分析各种影响建筑的因素，权衡利弊、认真推敲，力争做出完美的设计。有心的设计师还会进行工程总结，经过长期的积累，往往会形成设计师自己的思路和创作理念，在下一个工程中又有所体现，通过创作实践，不断地对自己的理念进行补充、调整、修正、完善，最终形成比较完整的设计理论。除了自在生成论的作者布正伟外，我们再看看另外几位中国工程院院士的成长经历。

一、大师的脚步

程泰宁在 1984 年与国外建筑师竞标杭州黄龙饭店的建筑设计时，把视野从建筑本体扩展到城市环境，借鉴中国绘画的“留白”手法，创新性地采用“单元成组分散”模式布局，使场地南侧的西湖和宝石山与北侧的城市空间渗透融合，宝石山色随移步换景在塔楼里时隐时现，传递出传统水墨山水的韵致。这种淡化建筑主体，重视建筑与环境融合的理念使其方案脱颖而出，成为实施方案。在接下来的众多创作中，程泰宁反思感悟，早期提出“立足此时、立足此地、立足自己”的创作理念，在后期的实践中，又以“天人合一的认识论、理象合一的方法论、情景合一的审美观”进一步诠释，最终凝练成“语言、意境、境界”六字箴言，他本人也成为全国工程设计大师和工程院院士，在仍坚持设计的同时，返回母校东南大学担任建筑设计和理论研究中心主任。

图 1-2-1

图 1-2-1 程泰宁设计作品：杭州黄龙饭店（图片来源于网络）

何镜堂，1983 年为刚建市不久的深圳设计了一座 1.2 万平方米的科学馆，整个建筑根据功能和使用效率因素，组织成水平体块上托着一个上大下小的八角塔，以水平线条为主的现代造型，与中国第一个经济特区的社会氛围相吻合。1985 年设计了位于广州的西汉南越王墓博物馆，大片红色砂岩墙体，墙体上古朴的浮雕，在随山势而成的总体规划、简洁干脆而富有细节的体块造型的基础上，表现出恰当的地域性和浓郁的文化性。他在设计生涯之初，就为自己提出一个“三到位”要求：对每一个重要项目，都要完成一个作品，获得一个奖项，发表一篇文章。经过多年的思索和实践，他在 1996 年首次完整地提出了“地域性、文化性和时代性”的创作理念；在 2002 年又完善成“两观三性”建筑论，在“三性”之前增加了纲领性的两观——整体观和可持续发展观。在这个理论指导下，他和他的设计团队设计了一系列国家级的作品：侵华日军南京大屠杀遇难同胞纪念馆、上海世博会中国馆、澳门大学横琴校区、汶川大地震震中纪念地、天津博物馆等。更与众不同的是，他担任华南理工大学建筑学院和设计院两院院长，发挥高校优势，走设计、科研、教学三结合的发展道路，探索出三结合出人才、出成果的模式，设计院除了他这位院士，还有 4 位全国工程设计大师、15 位青年建筑师奖获得者、7 位博士生导师，成为全国非常有影响力的设计团队，设计作品几乎获得过国内所有建筑界奖项，在新中国成立 60 周年全国评出的 300 个设计项目大奖中，他们团队占了 15 个，名列前茅。

a. 天津博物馆
b. 西汉南越王墓博物馆
c. 上海世博会中国馆

图 1-2-2

图 1-2-2 何镜堂设计作品（图片来源于网络）

孟建民应属于中国第四代建筑师。他早期做了大量的非医院类公共建筑，如南京雨花台纪念馆、淮安周恩来纪念馆、合肥政务文化新区政务综合楼等，获得过许多国家级奖项。在创作实践中他提出了“本原设计”理念，在设计过程中强调注重设计的基本问题，关注设计给人带来的适用结果，探寻建筑形成的根据及本原目标。其核心内容包括健康、高效和人文三大要素。孟院士在 2007 年做了第一个医疗项目——张家港市第一人民医院的设计，他以宽广的视野提出了“医疗城”的概念，把本原设计的“全方位人文关怀”在医院中具体而详细地推行，取得了很好的效果。“健康、高效、人文”这一普适原则聚焦于医院时，更具有现实的指导意义。在后续一系列医疗设计实践中，诸如深圳南山区人民医院、深圳市中医院、深圳市大鹏新区人民医院，都体现了在复杂的医疗功能、复杂的城市环境制约下，这种理念的深层结构性作用。

图 1-2-3

图 1-2-3 孟建民设计作品（图片来源于网络）

上述三位院士都属于在建筑创作一线的设计师，他们的设计理论支撑着他们高品质的作品，他们取得的成绩更多地依赖于他们应用学过的理论并提出新的理论，理论是他们建筑创作的坚实基础和指路明灯，是取得好成果的倍增器。毫无疑问，理论功底深厚，并能在实践中提出令人信服的创新理论是他们与众不同的地方。

二、我们的思考

作为芸芸众生中有一定追求、有一定情怀的设计师，我们愿与大师同行，在他们理论的指引下不断思考、前行。如何才能提升自己，成就未来呢？

第一，涉猎广泛。建筑是物质与精神、技术与艺术的结合，这注定建筑设计师是“杂家”，哲学、社会学、心理学、美学、科学技术等方面的书都要读。何镜堂院士庆幸自己学习了辩证法、《矛盾论》《实践论》，成为自己从事建筑创作的哲学思想基础。开卷有益，多读书就能多开通感知世界的通道，就能更多地体察事物内在本质；多读书就会为我们提供“千里眼”和“顺风耳”，让我们发现别人发现不了的信息。甚至当时你认为无用的书在以后都会成为增加你力量的源泉。庄子说过：“人皆知有用之用，而莫知无用之用。”哲学家罗素也说过“要多读点无用的书”。假如有用的书是结果的树干，那么，无用的书就是树干下的土地。“无用之用，方为大用。”少一些功利心，多一份读书的心情和意愿，是我们提高设计水平的潜在基础。

第二，泛读之后是精读，要精读设计理论。这类书籍也很多，在一线创作的设计师劳累之余全部精读恐怕亦非易事，可以在精读前先进行“泛精读”。对偏向纯理论的书要多读，知道和了解这些理论，如古代维特鲁威的《建筑十书》，现代文丘里的《建筑的复杂性与矛盾性》等。对国内在一线创作的，特别是以上三位院士为代表的有大量实践和作品的设计名家所写的书要精读，他们的建筑创作所面临的问题和环境与我们类同，甚至一样，有较强的可借鉴性和指导意义。透过他们的理论也如同间接阅读了泛精读的书。边读他们的书，边看他们的作品，更容易理解他们的理念。如看到浙江美术馆就能悟解“语言、意境、境界”；看到上海世博会中国馆就能很清晰地体会到“地域性、文化性、时代性”；看到深圳市中医院光明院区就会觉察“健康、高效、人文”。

熟读理论，就会发现他们看问题、做设计有一个普遍的原则：视野宽广，从建筑到更大的环境；内涵多重，从物质到精神和文化。这非常值得我们思考。

第三，精准阅读。在工作中遇到问题，要去找关于这方面的书或资料来读，这是立竿见影的方式，也是一个有想法的建筑师的基本功。比如做绿色医疗建筑，你想在被动式节能方面有所作为，就要查资料，也可能想起曾经读过的书，找出来再精读，如戈兰尼的《掩土建筑》、杨经文的《生态设计手册》、印度的《查尔斯 · 柯里亚》，带着问题去看书，一定会有收获。

第四，思考和实践。在理论的指导下去实践，在实践中思考去寻找规律。1998 年，我曾在书中看到这样的实验：选取两组同样的阑尾炎手术患者，一组患者的病房窗户对着一面砖墙，另一组患者的病房窗户则对着有绿地树林的自然风景，经过一段时间的观察后，发现窗外有树林的患者比窗外是砖墙的患者服用止疼剂的剂量更低，服务需求更少，并提前出院。在得知这一理论后，我便将这一理论应用于方案中，在青岛某医院设计投标时中使每个病房床位都有自己的窗户（图 1-2-4），可以获得良好的景观，为患者的康复创造有利条件。

实际上很多建筑师都这么做了，只是如何能更好地应用落地。首先要先动手，自己做一个方案，再看看周围同事做的方案，分析别人的好在哪儿、自己的好在哪儿；其次在讨论方案的过程中，反思自己设想的效果或者应用某种理念产生的结果是否得到大家的认可，在反思中取得进步，提高设计水平。日常工作中，也有一种设计师，并不怎么努力，但天资聪颖，做的设计也不错，或者像个“刺猬”一样学会一种方法，以不变应万变，这样的设计师可能会做出相对不错的设计，但再提升层次恐怕很难，所具有的只是表层的“术”。只有理论基础深厚，极具文化素养的设计师才能更上一个层次。如同五岳剑派中华山派的气宗和剑宗，气宗更讲究练内功，以气驭剑，若练气不成，剑术再强，终归无用。剑宗重点在“剑”，认为剑术一成，即便内功平平也能克敌制胜。剑宗功夫易于速成，见效快，而气宗功夫虽然见效慢，后期威力却远高于剑宗。我们建筑师参加工作之初最好学习“剑宗”之“术”，能快速上手，胜任工作；长远目标还是应学习“气宗”之“道”，积累经验，增加知识，拓宽视野，提高内功，才有可能把建筑设计做得更好。

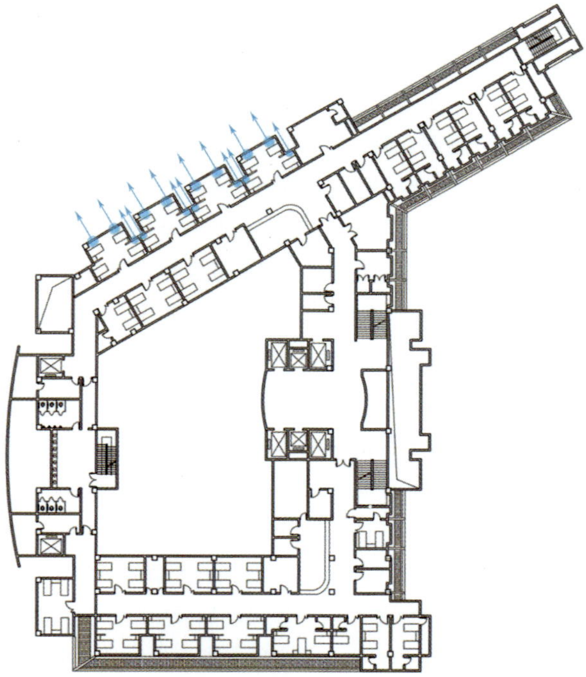

图 1-2-4

图 1-2-4 作者设计的青岛某医院平面图

第五，总结和提升。何镜堂院士“三到位”中的最后一个“写一篇文章”给了我们很好的启示，在建筑创作中，总结经验非常重要。前面“做了一个作品，得了一个奖项”，肯定付出了许多，也有了很好的收获，设计师会有所思考，内心会自觉或不自觉地对设计中的得与失进行判断，如果以“写一篇论文”的方式来进行总结，效果会更好。“白纸黑字”会让设计师更重视这件事，会总结得更有条理、更系统，甚至会有这样的情形：意识到某个方面或者某个做法不够好，假如当初设计时那么做的话，现在写出来会更让人觉得设计有想法、有理念。这些总结、反思甚至臆想都会提高我们的设计水平。现在我们所看的理念和理论、文章和书籍都是设计师经过总结反思写出来的。是因为具有更高的设计水平和好作品才写文章，还是因为写文章才具备了高水平和设计实力？恐怕这是一个与“先有鸡还是先有蛋”雷同的问题。但是“写文章会提高设计水平，就有可能做出更多的好作品”，至少不会被否定。

哲学是我们研究宇宙内万事万物的科学，是指导大到社会，小到个人运转、生存的工具。没有“哲学”之前，地球照转，人类照常繁衍生息，社会照常向前发展，但有了哲学，人们会更好地阐释世界、指导实践，社会能有更好的发展和进步。设计理论也是如此，它会给设计师插上翅膀，从更高的角度和视野去看要做的设计；它会给设计师更灵敏的眼睛和耳朵，去感知设计所处的环境和世界；它会给设计师更能动的大脑，去产生有逻辑的思维；它会给设计师灵巧的双手，去描绘优美的空间和场景；它会给设计师更鲜活的灵魂，去表达丰富多彩的体验……但是，即使理论再好，也只有读进心里、刻在脑子里、融进血液里，在设计师的情感催化下，才能发挥更好的作用。

第二章 探究医院设计的本源因素

众所周知，医院设计因为功能复杂、流线多样，在开始设计的时候往往让人感觉无从下手，摸不着头脑。其实我们不妨将医院设计拆解开，看看一个好的医院设计究竟是由哪些因素构成的，从这些拆解开的因素入手，探究医院设计的本源。只有全面了解了医院设计的本源因素，才能在设计中根据具体情况进行综合取舍，形成最终完整的设计方案。

第一节 丰富的地域文化——流淌于医院血脉的文化传承

在我国，地域文化一般是指特定区域源远流长、独具特色，仍发挥作用的文化传统，是特定区域的生态、民俗、传统、习惯等的文明表现。它在一定的地域范围内与环境相融合，因而打上了地域的烙印，具有独特性。地域文化中的“地域”，是文化形成的地理背景，范围可大可小。地域文化中的“文化”，可以是单要素，也可以是多要素。由此可见，地域文化是一个相当宽泛的概念，而在建筑设计中，我们应关注的地域文化应着重于以下两点。

一、自然条件

我国幅员辽阔，地域广大，地形地貌各不相同。东西跨经度有六十多度，跨越了五个时区，南北跨纬度五十多度，由南至北从夏热冬暖地区、温和地区、夏热冬冷地区、寒冷地区到严寒地区逐渐过渡。建筑师查尔斯 · 柯里亚曾说：“……在深层结构的层次上，气候决定了文化和它的表现方式、它的习俗、它的礼仪，在本源的意义上，气候乃是神话之源。”我国的地势地貌复杂多样，山地、高原、平原、盆地、丘陵、湖泊、河流等，不胜枚举。《淮南子 · 齐俗训》中云：“水处者渔，山处者木，谷处者牧，陆处者农；地宜其事，事宜其械，械宜其用，用宜其人。”各处独特的地理环境决定了当地人民的生活方式。正是这些丰富的气候因素及地理条件，造就了每个地区独特的地域文化。

二、建筑特色

对于建筑设计来说，如何回应当地的地域文化特色是首要及重要的任务。G · 勃罗德彭特曾指出：“建设的基本理由是改变大自然所给的气候，方便舒适地进行一些人类活动。所有建筑终须完成此项目 —— 在人的需要与特定的地理气候之间达到协调。”我们远古的祖先在数千年的历史文明中已经熟知其中要义，创造性地发明了诸多与地域文化完美结合的建造方式，如黄土高原的窑洞及生土建筑、福建客家的土楼、湘西的风雨廊桥、云贵及广西的吊脚楼等，都是与地域特色紧密结合的建筑形式，以至于这些独具特色的建筑本身就成了地域文化的一个组成部分（见图 2-1-1）。

图 2-1-1

图 2-1-1　独具特色的建筑（图片均来源于网络）

因此，在设计中应有意识地将视野放大，把医院设计置于更广阔的地域文化语境之下。使医疗建筑除了完善的功能性之外，更能体现当地的地域文化特色，给使用者带来心理上的亲切感和认同感。尤其在极具地域及文化特色的地区，这种对地域文化的呼应和表达往往会给医疗建筑设计带来意想不到的设计效果，起到“画龙点睛”的作用。

图 2-1-2

图 2-1-2 海北藏族自治州康复医院
图片来源：刘玉龙 PPT《回归建筑学的医疗建筑》

如果将医院设计比作一个人，那么医院所在地的地域文化，就是流淌于“他”血脉中的“家族传统”，是不可磨灭的。如何让医院的建筑气质与地域文化恰如其分地巧妙融合，是我们在医院设计中应更多思考的问题。

第二节 多变的基地条件——生于斯长于斯的医院

如果说地域文化是孕育医疗建筑的“家族传统”，那医疗建筑所立足的基地，便是它“成长的家庭和环境 ”。可以说基地是决定建筑平面布局的最重要因素，每当开始一项新的设计时，作为设计师，在接到任务书后的首要任务就是要了解基地情况。为了便于对基地的各种条件进行完整的梳理，要将这些条件按基地外围因素和内部因素进行分类。

一、基地的外围因素

1 区位条件

在分析基地的外围因素时，可以按照由城市大范围到基地小范围的顺序进行。首先，要考虑的是基地在城市中的区位。项目用地是位于老城区内还是城市新区，与医院服务的主要人口聚居区的关系如何，涉及异地扩建新院区的还应关注新老院区间的区位关系。其次，是用地周边的地块功能及建筑形态分析。周边的街区是居住区还是学校，是否有人流较大的商业及购物区，是否临近工厂，抑或是什么都没有的荒地。

2 周边交通体系分析

用地有几个边界临近城市道路？道路的等级如何？是否为高架路？用地附近有没有城市轨道交通或者公交站点？以上这些对外围因素的考虑，其主要目的就是确认院区的出入口应如何设置，而出入口的设置，在很大程度上会决定医院的布局方式。如图 2-2-1 所示，通过高空鸟瞰，可以清楚看到基地与周边的关系。

图 2-2-1

图 2-2-1 成都某医院建设基地鸟瞰

3 周边景观要素

除了上述的城市外围环境与交通条件外，基地的外部条件还包括相关的景观要素。基地周边的景观要素也是在设计中要考虑的重点，如基地周围是否有山体、范围较大的城市绿化景观或公园、河流或者水系。这些景观要素虽然不像基地周边的交通条件一样，与院区平面功能布局有着非常紧密的联系，但却往往是我们开始着手设计的一个很好的切入点，甚至可能成为方案设计的一个很有特色的亮点。当医院建成后，也会给医院的使用者带来舒适愉悦的感受，对促进患者的痊愈及提高医护人员的工作效率大有裨益。如图2-2-2 所示，某医院选址位于城市湿地公园与河流旁边，有良好的景观资源条件。

图 2-2-2

图 2-2-2 某医院选址（图片来源于 HDR 设计公司）

4 周边市政条件

医院因为功能复杂，又承担着救死扶伤的重要职责，相较于其他类型的民用建筑，需要更多的设备来保障其安全有效地运行。因此，基地周边的市政条件也是我们在开始设计前要详细了解的。

医院因为是特重负荷场所，需要两路市政供电及设置自备柴油发电机来保障其用电安全，这就需要我们详细了解用地周边的主要供电线路情况及进线方位。这样在设置变配电站时可以保证供电方案不走回头路，减少电力损耗；周边的市政雨污管道走向及埋深情况是布局院区污水处理站位置的重要考量条件；用地周边的热力燃气情况对后期选择空调的形式也至关重要，会对医院的后期运行成本产生较大影响。另外，用地是否处于文物保护区域或是航空限制区域内则会影响建筑物的高度。此外还可能有很多不可预计的外部影响因素，都应该根据具体的用地条件来分析判断，这样才能使医院设计在各个维度都能取得一个相对较好的结果。

二、基地的内部因素

基地的内部因素可以分为自然因素和人为因素两类。自然因素包含场地的地质条件、场地高程和有价值的生态资源。地质条件有时通过肉眼难以判断，需要借助地质勘查报告来深入了解。场地高程是显而易见的，尤其是高程变化较大的场地，如果能在设计中有效顺应地势，会大量节省开挖的土石方工程量并利用高差为地下空间创造通风采光的条件，同时解决地下空间的疏散问题，是一举多得的良策。场地内有价值的生态资源在设计中更要被重视，可能是一片水域，或是一片松林，甚至是一两株有历史的树木，都是在后续设计中应尽量保留并利用的，使之成为我们设计中的特色及亮点。

基地内的人为因素主要是指场地内的现状建筑，这种情况多见于老院区扩建或者改造项目。这时的基地内部条件往往更加复杂。面对这样的基地时，首先要分析场地内现存建筑的功能和性质，其次要判断这些现状建筑的使用年限及结构形式，最后就是要结合甲方提供的任务书和其他场地条件来综合判断场地内的现状建筑哪些可以保留，哪些可以改变功能，哪些应予以拆除，并要综合考虑在医院改扩建的过程中如何不影响医院的正常运行，因此改扩建工程是相当考验设计师水平的。这里只是将改扩建的项目作为一种基地情况而提出，具体的改扩建设计方法，会在后面的章节中有专门的论述。

第三节 渐变的医疗功能——与时俱进的脚步

从“神农尝百草”的古代朴素医学到西方中世纪的机械唯物主义医学，再发展到如今以“人本主义”为根本的整体医学，医疗的发展始终紧跟社会发展及科技进步。尤其是近几十年来由于社会的快速发展和科技飞速进步，医院的发展和变化也极其快速。作为设计师，对医疗模式的变化应保持高度敏感，才能在设计中以发展的眼光和思维对医院进行布局，设计适度超前的医院，以应对快速发展的医疗功能变化。

一、医院功能由“单一”转向“复合”

随着社会发展，人们对医疗的要求已经由最基本的“治病”转向功能更为综合的“治疗、康复、保健以及预防”的需求。社会快速发展引发自然环境及生活方式的变化，也导致了致病因素的变化，大众对健康的生活方式和理念更为关注，因此医院除了治疗外，还将成为健康指导中心，开展健康教育、咨询和指导工作的场所。同时，对防止疾病的发生提供更多的预防性措施，如定期的健康体检，以及中西医的保健预防，在未来会逐渐变成医疗工作的一个重点。

二、医院功能由“综合”拆解为“专科”

由于医疗专业分工精细化，必然出现新的专科医院或新的专业技术人员。相较于综合医院，专科医院在疾病的治疗和护理上更有专业性和针对性，可以为患者带来更好的治疗效果。同时针对特定患者，如妇女、儿童或者老年人而设计的专科医院空间，也往往能准确契合患者的心理感受，提供更舒适的疗愈空间。如图 2-3-1 所示，儿童医院内的卡通雕塑营造了活泼轻松的空间氛围。

图 2-3-1

图 2-3-1 某儿童医院内的卡通雕塑

除此之外，在综合医院内，出现了以病种为划分依据的诊疗中心模式。采用这种模式，除了对疾病的治疗会更为专业，也有利于医疗流程更加紧凑便捷，是未来发展趋势之一。

三、第三方医疗服务机构的出现

2013 年 9 月，国务院发布《关于促进健康服务业发展的若干意见》，提出大力发展第三方服务，引导发展专业的医学检验中心和影像中心；2017 年 2 月，国家卫计委发布《关于修改＜医疗机构管理条例实施细则＞》，新增“医学检验实验室、病理诊断中心、医学影像诊断中心、血液透析中心、安宁疗护中心”五类医疗机构类别。

这一系列政策体现出国家对发展第三方医疗服务的支持。随着越来越多的第三方机构进入医疗市场，对传统医院的业务也将造成冲击与影响，尤其对一些规模较小的民营医院或专科医院，将部分业务外包给第三方机构将是一个减轻前期投入，轻资产运行的良好选择。

四、应对老龄化社会的医养结合模式

在 1999 年底，我国就已正式进入人口老龄化时期。据预测，至 2020 年我国老年人口数将迅速增加到 2.6 亿人。2030—2050 年将迎来我国人口老龄化最为严峻的时期。为了应对即将快速增长的养老需求，国务院《关于加快发展养老服务业的若干意见》提出积极推进医疗卫生与养老服务相结合，推动医养融合发展。

我国老年人高龄化、失能化、失智化的发展特征，使养老服务需求除了日常的生活照料之外，还包括对医疗保健、康复护理等专业医疗服务的需求。因此在未来的发展趋势中，医养结合项目将会越来越多，医院在老龄化社会的意义也将更加重要，这也需要医疗建筑在设计方面对这一社会现象做出积极响应，体现出社会责任感。

五、医技部门的快速扩张

随着科学技术的发展，在诊断和治疗上越来越倚重先进的设备。各种影像检查结果已经成为医学诊断的重要依据，MRI、CT、DR 已经成为医院的标配设施，与几十年前医生只能通过 B 超和 X 光诊断相比已经有了很大的进步，影像科成为医技检查的重要部门；核医学的发展也进入新的时期，ECT、PET 等逐渐成为大型医院必备的诊断设备。

介入治疗及内窥镜技术的应用已经从诊断扩展到了临床治疗，医生借助内窥镜及介入技术，可以在很小的创口下进行手术，有效减少术后感染及减轻患者痛苦；另外，机器人手术也已经发展到临床应用的阶段。与传统手术相比较，机器人手术更能精确定位、减小切口面积、减少外伤和出血，大大缩短术后患者的恢复时间。在这些新的手术模式下，出现了复合手术室，手术部门的设计也有相应的变化。

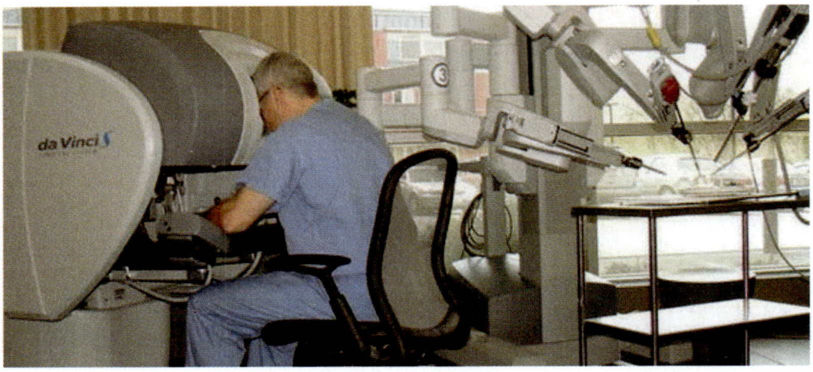

图 2-3-2

图 2-3-2 机器人手术台（图片来源于网络）

随着生物医学及基因技术的发展，各类实验室在医院中也占有更多的比重，如生殖医学实验室、生物治疗实验室等。

六、门诊诊疗功能的扩大

医疗技术的发展也促进门诊功能大为扩展。门诊治疗包括门诊手术的快速发展，原来可能需要住院治疗的患者，现在通过门诊就可以解决。因此，门诊负荷量增加，门诊手术室、相应的治疗功能空间、日间病房等都成为门诊系统必须具备的使用功能。

七、多学科诊疗模式（MDT）的出现

多学科会诊（Multi-Disciplinary Treatment）是由多学科资深专家以共同讨论的方式，为患者制订个性化诊疗方案的过程，尤其适用于肿瘤、肾衰、心衰等复杂疾病的诊疗。与传统治疗模式相比，MDT 模式以病人为中心，提供个体化的治疗方案。显然，这种诊疗模式也会要求建筑布局进行相应的调整，越来越多以病种作为划分依据的分中心将会出现在大型综合医院中。这种分中心的模式可以为患者提供更便捷的诊疗流线及更好的治疗效果。

八、互联网技术普及带来的冲击

在互联网时代下，借助庞大的信息平台及数据处理能力，医院在医疗、管理上都将发生重大改变。仅就目前而言，预约诊疗制度的广泛使用已使医院的候诊空间有了削减，信息化结算制度使有些医院已经取消了出入院办理大厅，药房自动发药系统的使用减少患者候药的时长，大幅缩减候药厅的面积。随着 5G 时代的来临，医生能在千里之外做远程手术；各种穿戴设备可以将患者的生理状态进行实时监测并传回医院信息平台；医生可以利用庞大的数据库资源为患者寻找最适合的治疗方案；患者通过移动医疗 APP 可以足不出户与医生进行交流。所有这些都将在未来深刻地影响我们的就医习惯以及医院的运行管理模式。如图 2-3-3 所示。

图 2-3-3

图 2-3-3　可以实时监测心跳血压的手表

在设计中，设计师应以更前瞻的眼光来看待信息智慧医疗可能带来的巨大变革，在设计中为未来留有充分应对的可能。

第四节 前瞻的长效设计——留给未来的伏笔

医学是个不断前进发展的过程，医学观的发展也导致了医疗建筑模式的改变，从最初的附属于教堂或民宅的建筑形式到“形式追随功能”的绝对功能主义，发展到提倡“功能—效率—人性化”的现代医院模式，建筑形式始终在不停地更新迭代。随着科学技术的飞速进步，未来医院的模式也可能会发生极大的变化。

从社会经济的角度来看，20 世纪 80 年代开始，随着气候的持续恶化，环保型理念逐渐引入建筑设计中。2000 年的日本建筑学会联合几个业内协会共同发表了《地球环境 • 建筑宪章》，提出了寿命长、节能、循环利用、与自然共生、集成等项关于建筑的要求。2004 年 9 月我国建设部“全国绿色建筑创新奖”的启动，标志着中国的绿色建筑发展进入全面发展阶段。医院功能更新快，建设规模体量大，若为了跟随医疗功能的调整反复拆改或重新建设，将会造成资源的极大浪费。因此在建筑设计中，如何在医院的“全寿命”周期内，使建筑形式始终能满足医疗功能的发展需求就成了一个重要的命题。因此我们提出“长效设计”的理念，希望能为医院未来的发展留有充分空间。

一、长效设计与机变论

英国建筑师约翰 • 威克斯（John Weeks）曾提出“机变论”。他指出:“功能变化很快，初始的功能要求本身，并不是医院固定不变的设计基础，设计不应该以建筑与功能一时的最适度为目的，真正需要的是设计一个能适应医院功能变化的医疗建筑。”这可以看作是长效设计最初衷的表达。医疗建筑设计应当为将来的发展而设计，而不仅仅是执着于眼下的完美。因此我们认为，长效设计的概念应当是：在各种高适应性的设计手法上加上“时间”这个第四维度的重要变量，并以这个新变量来作为评价设计是否合理的依据的设计手法。

二、长效设计与弹性拓展设计

既然谈到长效，就无法忽视医院的生长与扩展。在设计中引入弹性拓展理念可以为医院的后续发展提供空间。弹性设计主要是指建筑设计需要满足多种变化需求的建筑空间和结构性能，要求建筑具有可调整、变化、发展的能力。

首先，在总平面布局上要为医院的发展留有空间。若用地充足，则切忌一次将用地占满，应为后期医院的扩建预留土地。若用地局促，在进行总体规划时更应精心考量，预计到医院后期发展可能会遇到的种种问题，并在规划中提出应对方案。千万不能只考虑解决眼下问题，而造成后期只能“见缝插针”“缝缝补补”搞建设的被动局面。

其次，在单体建筑的设计上也应考虑医院的高适应性。在这里我们介绍几种有效的设计手法。

1 医疗街和模块化

（1）医疗街。约翰•威克斯（John Weeks）提出村镇地理学上的特征可以转译用于医院的设计，这是“医疗街”的理论雏形。现在这种医疗街的模式已广泛应用于设计中，通过医院内的医疗主街，患者可以方便地到达自己的目的科室，流线清晰便捷。随着医疗街的广泛应用，还发展出了医疗街的各种生长和扩展模式：如轴向生长、树形生长、多核生长及网系生长等。医疗街的生长式发展也为医院功能和规模的扩充提供了基础条件。

（2）模块化。较早提出模块化理论的是英国。早期，英国区委会与医疗部提出了 Harness 体系动态系统，而后又出现了“十”字型的 Nucleus 体系，比利时鲁汶大学德路教授在 Nucleus 体系的基础上，设计了 Meditex 体系，形成“T”或“H”型平面，具有更好的自然通风和采光。如今，模块化在医院设计中已经得到了充分的实际应用。例如，比利时的安特卫普克里拉医院就是由“H”型平面模块组合而成（如图 2-4-1 所示），而加拿大埃德蒙顿麦肯齐健康中心由“T”型平面模块组合而成（如图 2-4-2 所示），病房平面由五个“T”字型标准模块及一个“一”字型非标准模块组成。

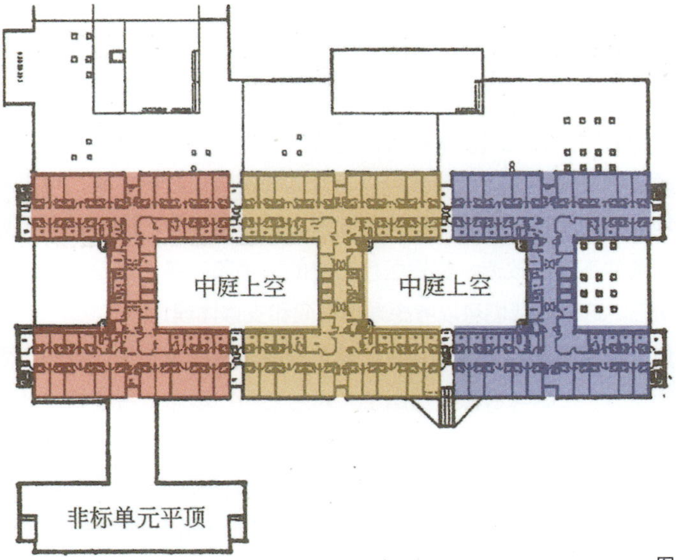

图 2-4-1

图 2-4-1　安特卫普克里拉医院的“H”型平面模块

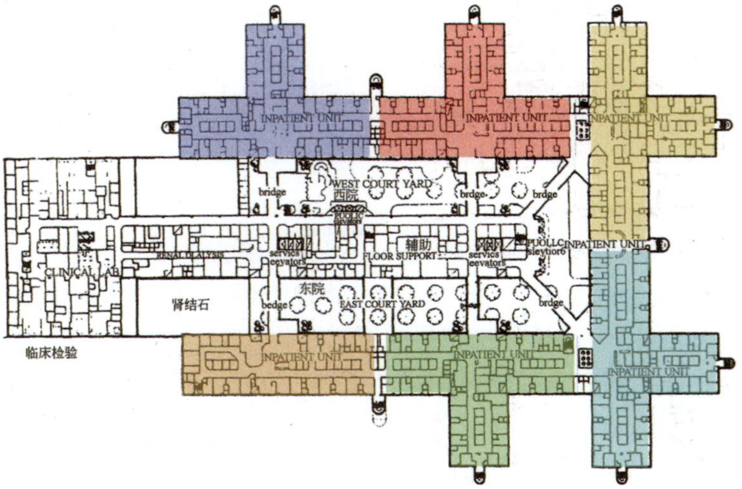

图 2-4-2

图 2-4-2 埃德蒙顿麦肯齐健康中心“T”型平面模块

在设计中合理利用模块化与医疗街的组合，可以使医院以同一模式快速扩展。谷建在他的《戴着镣铐的舞蹈》一书中做过一个有意思的比喻，把医院比作巨型的“乐高”，这句话从某一程度上反映了医院“模块化”的性质。门诊、医技、病房就是一个标准模块，甚至可以将门诊、医技、病房组合在一起，形成一个更大的标准模块。将这些标准模块通过交通模块和辅助功能模块连接在医院的主要交通体系（医疗街）上，随着医院的发展，可以继续添加这些模块，而不会对原来的功能造成影响，这就是模块化的最大好处。

2 通用空间、支撑体和标准柱网

通过模块化和医疗街模式可以迅速实现医院规模的扩大，可是考虑到医院用地有限和医疗效率会被损耗的问题，更多时候我们要面对的是如何在原有建筑条件下完成改造，实现医疗功能的改进和升级，这是在设计中更常面对的情形。这时，我们可以考虑通用空间和支撑体理论。

（1）通用空间。为了保证医疗建筑的高效性和集约性，英国卫生部主任建筑师塔敦•布朗与古德曼提出了“通用空间”理念：将建筑设计为多层不间断的通用大尺度空间，这样能够将医疗建筑的不同功能空间都容纳在里面，同时可以根据实际情况加以调整，以便于适应各种功能转换的需求。

（2）支撑体理论源于荷兰的约翰•尼古拉斯•哈布端教授于 1963 年出版的《骨架 —— 大量性住宅的新方法》一书，提出支撑体与可分体的概念。这一理论为建筑的弹性设计提供可行性的方案，其应用也从住宅进入公共空间领域。在公建中支撑体可被定义为不能轻易改动的部分，如交通体系、管道井等，可分体定义为能进行改造的部分。

（3）标准柱网。在设计中尽量使用统一的柱网，使这一柱网尺寸既能适用于门诊诊室的布置，又能满足医技空间甚至病房空间的布置，这样能为后期医院内部的功能调整提供极大的便利。

在医院设计中，我们可以利用这些理念，将楼梯间、管道井、卫生间等不可改造的必要部分作为支撑体，在平面布置中尽量使支撑体靠近功能空间的外周，这样利于在平面中形成大的通用空间，而采用标准柱网的通用空间为医院后期的改扩建提供了空间。如图 2-4-3 所示，为支撑体理论在青岛西海岸医疗中心的实际应用。楼梯管井、卫生间贴边布置，中间形成大的“通用空间”，为医院改造预留条件。标准柱网又允许我们可以根据医院的功能变化灵活调整。在现有建筑空间条件下，以最小代价实现医院功能的更新。如图 2-4-4 所示，在同一标准柱网下，可以灵活布置各种医疗功能空间。

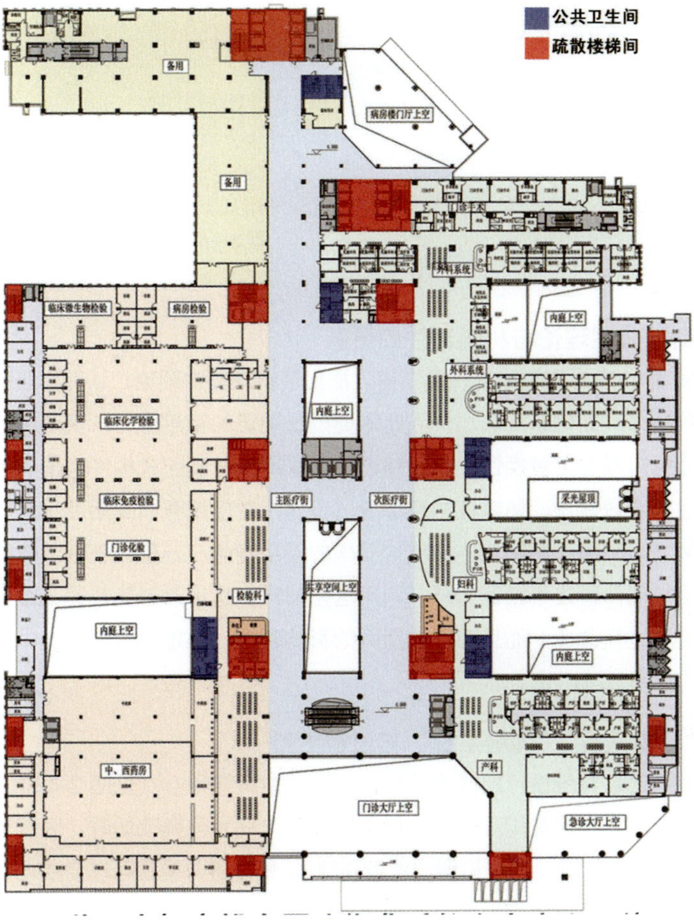

图 2-4-3

图 2-4-3 青岛西海岸医疗中心平面图

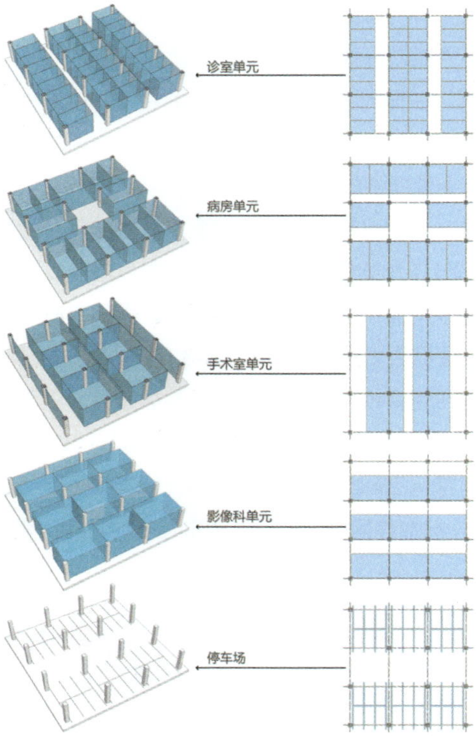

图 2-4-4

图 2-4-4 标准柱网在各种空间的应用

3 新陈代谢理论与材料部件的更新

1960 年，日本建筑师菊竹清训等人提出了新陈代谢理论，认为建筑的全过程包括生长、变化以及衰亡，因此需要延长建筑的使用寿命，使建筑的易损构件及材料具有可替换性。在医院设计中采用部分装配式构件也是保持医院长效性的有效方法。如病房的整体卫浴设施，在使用寿命到期后可以轻松地进行替换和升级，达到与主体结构同样的使用寿命。一些便于拆装的隔断设施或板材墙体也是不错的选择，利用这些材料，在拆改时能快速、经济地对功能空间进行改造，而且对周边空间的影响较小，这是在医院设计中应该多采用的空间分隔形式。

4 “设备间层”“伺服系统”与设备更新

由蔡德勒事务所设计建成的马克马斯特健康科学中心（见图 2-4-5），首次采用设备间层和设备伺服系统，使得建筑在未来大规模改建时，医院整体的使用不受施工影响。建筑设置“设备间层”，使设备与管道可以自由地布置与改变，不受平面布局的限制。这种设计方法将设备系统与平面功能相对隔离，保证了设备系统的高灵活性，后期改造时也不会受制于设备系统的布置。不过也存在着增加建筑初期造价的缺点，因此在国内的应用并不广泛。

图 2-4-5

图 2-4-5 马克马斯特健康科学中心（图片来源于网络）

三、长效设计与被动式节能

长效设计本身就是一种绿色设计理念的体现，如何在技术层面实现建筑的节能呢？此时“长效”仍是我们判断衡量的标准：尽可能地利用被动式的节能策略。

有数据表明，在传统建筑中围护结构耗热量在总耗热量的占比高达 75%。医院建成后的运营阶段，耗能则主要来自日常的照明及空气调节系统的运转，两项合计耗能占比基本在 60% 以上。因此从这两方面入手可以大量节约医院运营期间的能耗。外围护结构的耗热可以从优化体形系数和进行围护结构外保温入手，这是常用的节能设计手法，这里不多阐述。

说到优化日常照明和空气调节系统，很多人会想到采用低能耗的节能灯具、分区照明，采用带有热回收功能的空调机组，但这些都是锦上添花的手段，还是应该利用被动式节能策略这种长效设计手法来“一劳永逸”地解决医院的耗能问题。其中，最重要的就是尽量利用自然通风与采光。比如，在大型医院中设置多个内庭院，可以有效减少内部黑房间，在非空调季可以利用开窗方式零能耗地实现通风换气；多利用玻璃隔断或高窗实现间接采光；利用中庭等高大吹拔空间的“烟囱效应”加强室内通风换气效果；地下室部分可设置下沉庭院及天窗，改善地下空间品质。这些有效的节能方式会在后期运行中大幅度降低医院的运行能耗，而在前期并不需要追加更多的投资。更为关键的是，这些措施可以在建筑的全寿命周期内一直有效稳定地发挥作用，使用效果也不会随着年限而衰减，这就是我们所说的长效的绿色设计。

在青岛西海岸医疗中心的设计中，将共享中庭最北侧一跨提高二层，高出屋面一层，设电动开启窗，产生烟囱效应，强化共享空间的通风效果，如图 2-4-6 所示。

图 2-4-6

图 2-4-6 青岛西海岸医疗中心中庭局部

医院的长效设计有一个很重要的原则：适度。再前瞻的设计师也不可能精确预测到未来医疗的发展趋势。所以，在设计中应当为未来考虑，但更应结合医院的现实情况，适度考量。若是为了满足远期的发展而导致现在的规模及投资大幅增加，这就有点舍本逐末了。因此如何把握好长效设计的度也是我们在设计中应考虑的点。

第五节 复杂的改建扩建——老院区重焕生机

我国的医疗建筑从 20 世纪初开始发展,许多医院的建设年代都比较久远。随着时代及医学模式的进步，许多医院的原有建筑无论从规模上还是功能上都已经不能满足现实使用的需求。但考虑到城市化进程的加快，城市中心的土地供给越来越稀缺，因此许多医院开始了在原有老院区进行改扩建的更新计划。

一、改扩建工程的前期策划

在改扩建项目建设前期，需要一个具有前瞻性的前期策划。在策划中应关注医院未来的经营发展方向，本院区最终要达到的建设规模和床位数。这些指标是整个改扩建工程的指导性方针，有了这些指标，才能评估出院区的改扩建工程量有多少，从而选择合理的改扩建方案。当然，这个策划的实施是可以分阶段来完成的，医院可以根据自己运营的情况择机建设，最终达到院区功能的完善。

二、对医院现状建筑的梳理

在改扩建项目设计之前，设计师应当对院区内的现状建筑充分了解。各栋建筑的主要功能是什么；建设年代，结构形式如何，是可以通过加固改造保留还是因为年代久远、超出建筑使用年限可以拆除；医院的后勤中心、动力中心的位置在哪儿；院区主要的管线走向如何，这些都对后期的改扩建方案有着至关重要的影响。此外还要充分预估医院改扩建项目进行过程中可能面临的各种问题，这样才能在工程实际的建设中做到运筹帷幄，成竹在胸。改扩建之所以复杂，是因为除却本身建筑功能的调整，牵涉的其他方面事项也众多，是对设计师功力的极大考验。前期了解得越充分、越详细，后期施工起来越容易。

三、对医院功能流线的梳理

很多医院的现状是建设时缺少系统的规划，缺什么补什么，哪里有空地就“见缝插针”地建在哪里，导致院区内越建越乱，越建越堵，整个院区的医疗流程也混乱不堪。患者就医时需要在各个楼里来回奔波往复，就医体验极差，医护人员也是如此，工作效率低下。物流流线更是没有考虑，在参与有些医院的改建工程时，常常能见到医护人员推着各种物资车辆往返于各个楼间的场景，若是遇到雨雪天气，更是苦不堪言。显然，这样的医院是众人都不愿见到的。因此，在开始改扩建时，就要仔细梳理医院的现状功能和物流车流流线，分析哪些功能是不满足使用需求亟须扩大的；哪些又是能通过改变位置，打造更为合理的医疗流程动线的；医院原有的院区出入口设置，人流、物流、车流流线是否能优化等，这些都是在改扩建时需要考虑的，而不是仅仅局限于某一栋楼的改造或建设。希望能以医院改扩建为契机，将老院区的医疗资源充分整合，重新优化院内各种流线，使老院区经过改造后，也能有完善的医疗功能和合理的医疗流程。

四、保证医院改扩建的可实施性

医院的建设周期往往要持续几年，因此合理规划好医院改造期间的就医流程，兼顾医院改扩建时的正常运行就很重要，这也是保证改扩建工程可以实施的重要一点。

首先是医疗功能变动带来的影响。有建设用地的院区改造还好说，只要规划好施工期间的材料堆场，人员进出流线，就可以尽量减少对现有功能的影响；而对于有些没有建设场地，需要拆旧建新或是直接旧楼改造的工程，设计师就要考虑在施工期间原有的医疗功能用房应搬迁到何处，各种功能搬迁转换的时序，尽可能地减少搬迁次数，减少对医院正常运行产生的影响。

其次是要满足施工时院区的出入口设置。施工时要考虑好工程车辆的进出流线，尽量不与医院现有的出入口混行，这样可以更好地保证就医人员的人身安全。同时要做好建设场地周边的围挡措施，增加防尘降噪的专用设施，减少对院区环境的影响。若受限于院区的实际情况实在无法分设入口，也可以利用时间差，采取夜间施工物料进出的方式，把影响降至最低。

五、和谐的立面形式

在改扩建工程中，除了对功能的改造梳理外，还应注意建筑立面形式的呼应。如原院区的建筑形式有明显的风格和历史，并在较长时期内仍能迎合主流的审美趋势，不妨将原有建筑的某一形式或材质作为母题，以此延伸发散出去，创造新的建筑形式。这样新建筑虽然新，但仍保留了老建筑的特色，整个院区既能拥有统一的风格，又能体现出医院发展变迁的历史，这也是相当理想的一种状态。

若院区原有建筑并无特色，在新建筑建成后，老建筑颇显破旧，就应与甲方充分讨论，是否可以对原有建筑的立面形式也进行适度的改造，使之与整个院区的形式相协调，也能以较小的代价获得全新的院区形象。这也是改扩建很重要的一部分。如图 2-5-1 所示，山东省眼科医院加建改造后对老楼立面也进行了改造修整，新老建筑融合成一体。

图 2-5-1

图 2-5-1　山东省眼科医院

六、着眼于院区最终完善功能的总体规划

通过以上梳理和考量，我们最终会形成一个完善的院区总体规划方案，这个总体规划就是执行改扩建的原则和方针。但在现实改扩建工程中，设计师往往会面对这样的局面：由于场地的限制、医院继续运营的要求，在某一期的改造中，无法非常完美地解决院区现实存在的问题。这时，也不必太纠结，只要目前的改扩建能逐步促成医院在经过数期的改造后最终形成完善的功能布局，那眼前的不完美就是可接受的，这是为了实现最终的完美积蓄力量。

因此，总体规划方案应该是一个着眼于未来发展的规划，一个最终能实现院区完善功能的总体规划。这个总体规划要以适应医院的动态发展为指导原则，以可以分期灵活建设为手段，最终实现院区功能合理完善。在这样的大方针指导下，一定能实现老院区的全新升级迭代，使老医院重新焕发光彩！

第六节 升级的智慧医疗——迎接未来的挑战

20 世纪中期，电子计算机的发明吹响了向信息化时代迈进的号角，随后，数字化影像技术在医院中出现。从此，在医院的诊疗活动中除了传统的人流、物流，还划时代地出现了信息流。互联网带来了信息传递的极大便利，但仍受固定终端的限制，只能从固定的点到固定的点，却不能实现实时互联。真正给医院带来改变，让医院变得“聪明”起来的是：移动通信技术的成熟和智能终端的普遍使用。为了缓解日益增加的就诊压力，许多医院引入了网上预约、挂号技术，门诊大厅里出现了各种各样的自助终端，提高了患者就诊效率，改善了就诊体验。基层医院借助医联体的建设，密切了与城市医院的联系，通过远程会诊、远程医疗，提升自身诊疗水平的同时，满足基层患者的医疗诉求。

由于移动互联技术对社会和经济效益的强大贡献能力，各级医院都对“智慧医院”进行了不同的探索。那么，到底什么是智慧医院？智慧医院相较于传统医院有什么优势？又会给医院建设带来什么样的影响？这些都是困扰医院管理者和设计人员的问题。

我们认为，智慧医院是以互联网、物联网为依托，以大数据、云计算、人工智能等强大数据分析能力为支撑，以提升患者就诊体验、改善医院运营管理水平、提高诊疗质量和效率为目的的新型医疗服务模式。移动互联网改变了人们的日常生活场景，也改变了人们对高效、便捷、舒适医疗服务的期望。现实的社会需求，加上足够的技术支撑，医院只有通过不断的“智慧升级”才能跟上时代的步伐，满足人民的医疗需求。

一、国家政策的引导

随着我国医疗制度的逐步完善和老龄化社会问题的逐步深入，医疗支出必将大幅度增长。现阶段我国医疗支出约占 GDP 总量的 6%，美国医疗支出约占 GDP 的 17%。有研究机构指出，在很多国家，科技场景落地所节约的成本，相当于年医疗总支出的 10%。巨大的经济效益和智慧医疗在解决城乡医疗资源严重不足方面的巨大贡献是国家推动智慧医院建设的根本原因。

目前国家政策层面对智慧医院的评估，主要关注以下三个方面：一是面向医务人员的，以电子病历为核心的信息系统建设；二是面向患者的，以改善患者体验为核心的智慧服务（如手机结算、网上预约、就诊信息提醒等）；三是面向医院运营管理者的，以节约成本、降低能耗、提高运行效率为核心的精细化信息平台建设。

二、就医观念的转变

除了国家政策的引导和支持，引起智慧医院迅速发展的最大力量其实是人们医疗观念的转变：从原来被动、应对性的就医诊疗模式向主动、常态性的全周期健康管理转变。科技的发展使线上问诊、诊断已逐步成为现实。如百度医疗大脑，可以采取模拟医生问诊的形式，通过与用户多次交流，分析症状，结合海量的医疗数据及专业文献，提出问题，反复验证，并最终给出诊断建议。基于大数据的线上智慧医疗产品的出现，使得医疗信息的获得比以往任何时候都更加可及，针对性也更强。患者在去医院就诊之前，对自己的病情已有初步的了解和判断。因为了解所以懂得，因为了解所以参与，在未来的诊疗过程中，患者自身将会起到更加积极的作用。

三、有效提高医院运营效率

技术的发展，给我们提供“造梦”的现实基础；技术的进一步发展，将我们的梦想变为现实。现代医院不仅是治病救人的场所，更是多种系统平台的集成。物联网概念的成熟和应用以及传感设备的进步，使得原来相对独立的物流和信息流有了更多的交集，如自动发药系统、自动导向车系统、实时定位系统等。所有新技术的使用目的只有一个：借助信息化的建设，融合人流、物流、信息流，节约人力劳动，提升物品的流通速度，提高医院运转效率。

图 2-6-1

图 2-6-1 瑞金医院的智能机器人（图片来源于网络）

四、提高医疗诊断准确性

信息技术的应用不仅可以带来医院效率的提升，还可以提高诊疗准确度和质量。医疗失误和过度医疗都会造成巨大的资源浪费。美国相关研究表明，门诊误诊率高达 5%, 约 10% 的患者死亡由误诊造成。由于过度医疗，美国每年造成超过 2100 亿美元的医疗资源浪费，而智慧医院的建设则可以有效减少误诊及过度医疗的发生。一方面，借助个人健康档案系统的建设，使医生获得的诊断信息更加全面，为病情的诊断提供更有力的支撑。另一方面，通过医疗信息平台的建设，借助人工智能驱动的数据分析，还可以为医生提供初步的诊断参考。如广州市妇女儿童医疗中心与美国加州大学圣迭戈分校合作，利用深度学习算法处理电子病历数据，多种常见儿科疾病诊断准确率已与经验丰富的医生相当。

五、对未来医疗模式的展望

信息的可及，医疗观念的转变，患者的主动参与，带来的另一个转变就是医疗服务将会跨越医院的物理边界，延伸到诊前、诊中、诊后的每一个环节，体现出个性化、定制化的特点。可穿戴设备的普及和功能的逐渐强大，使得未来的就诊模式可能不再是患病就医，而是通过对实时健康监测记录的分析，自动预警，提醒就诊。医院内信息平台通过可穿戴设备上传的数据，分析病情，与患者在线交流后推荐医生确定就诊安排。传统医院中的导医功能将更多地通过在线完成。诊前的充分沟通必将带来诊中高效的就诊体验。就诊时间临近时，医院信息平台会将具体的就诊地点、检查项目、注意事项、等候情况等相关信息发送至患者手机端，以便患者做好准备，合理安排就诊时间。诊后，云平台会自动搜集就诊信息及数据，生成就诊报告，并录入个人健康档案，以便随时查阅。线上医疗平台的建立带来的最大改变还是诊后随访和信息反馈的方便，当然定制化的用药提醒和服务推送也是很容易实现的。

医院因联系而智慧，因联系而发展，就像计算机的系统一样，会随着时间的推进不停地迭代和升级，但其最终的目的还是服务于人。升级的智慧医院必然会带来升级的医院设计理念，设计师也要突破固有观念，以创新的思维与医院共同进步。

第三章　生成的医疗建筑设计

对医疗建筑的本源因素进行梳理后，设计师要在设计过程中，对这些因素或者影响这些因素的潜在问题进行分析、研究，应用有效的方法，聚焦美好的目标，秉持仁爱的态度，做出合理、恰当、综合的反应，把建筑的功能属性、文化属性、时代气息综合平衡好，在特定的场所“自在生成”具有高效功能、人文关怀、地域特色、文化氛围的高品质建筑，使之在时间维度上有长效的功能和恰当的形象，在空间维度上与所处地域的自然环境和历史文脉有鲜明的联系和内在的逻辑，最终，成为一个“自在”的建筑。

第一节 生成的准备 —— 设计条件的探究

自在生成论讲究建筑的因缘。“因”是建筑生起或败落的内部条件或主要条件；“缘”是其外部条件或辅助条件。弄清楚影响建筑的各种条件或因素，有针对地、有权衡地在设计中做出反应，建筑就“应机而生、随缘而成”，形成“自在品格、自在之美”。影响建筑设计的各种条件是建筑生成的重要基础和依据，如果只对这些条件进行粗浅的调研和分析或者无视这些因素，那么建筑就失去了与环境、社会、使用者之间的对应联系，成为无根或根系孱弱的大树，时间稍长，必然枯萎直至坏死。或许设计师觉得不考虑这些因素，可以做出“放之四海而皆成”的建筑，那只能是臆想，世间哪有“包治百病的灵丹妙药”。

做出好设计的重要前提是弄清楚影响设计的各种条件和因素，这是必要条件，而不是充分条件，即使做足了这一功课，也不一定能做好设计，何况弱化或者缺失这一课，更不可取。

探究设计条件最重要的方式是现场调研。经常有距离较远的医院给我们打电话：“知道你们设计医院的水平很高，现在把地形图发给你们，希望你们做一个设计方案来与医院领导沟通一下。”每每接到这样的电话，我们都坚持到现场看一下，与医院交流后再做方案。医院往往不理解这一做法，觉得这么做费时费力。殊不知，这是做好医院设计的第一步，也是最关键的一步。现在医院设计招标文件中，往往标明“不组织踏勘现场”，说明目前社会大环境对这一工作的忽视。但负责任的设计单位一定会认认真真地去现场踏勘，调研设计条件。因为有许多设计因素是设计任务书不予描述的，还有一些现场感受，诸如场地空间、现状尺度等是设计任务书无法表达清楚的。这也是医院建设方无法完全理解设计师专业理论和实践的一点。

与医院设计相关的条件和因素可分为三大类。第一类是与医院功能有关的因素，如床位数、建筑规模、特色专科、重点学科、运营模式、发展规划、服务配套等，这些指标是医院最根本的因素，关系到医院服务能力。调研时还要了解医院管理模式和运营模式现状，如门诊是常规科室布置还是以器官为核心的科室布置；病房楼是单廊还是复廊；病房卫生间是在内侧还是在外侧；日间病房、日间手术室、康复科、内镜中心等在医院的发展情况；医院对医疗发展趋势如何理解，接受程度如何，如诊疗中心、MDT、陪护中心等诸如此类的信息，了解越多，越有利于设计人员在做医院功能设计时权衡判断。

第二类是规划局给出的规划定点条件，如医院院区出入口位置、用地容积率、建筑密度、建筑控制高度、绿化率、停车位数量等，这是规划局在城市总体规划基础上对本地块提出的强制性要求，它关系到医院与周围环境以及城市的相对关系。特别是院区出入口位置、周边交通、院区停车位等对医院规划影响巨大。

以上两类是医院和大多数设计师所重视的指标，可以通过设计任务书了解清楚。如前所述，一些医院以为提供这些条件，设计师就可以进行方案设计了，但还有第三类因素，它比较隐性，常常得不到重视。主要包括建设场地的自然环境、人文资源以及医院所在地区的地域特色。这类因素也是医院创新设计除了功能以外的不同视角和线索，是提升医院内涵和传承历史人文的重要依据。这类因素必须到现场仔细勘查再加上查找资料才能获得比较全面的认知，经过分析、筛选的部分会在医院设计中物化成医院的特色和个性，提高设计附加值。这就要求设计师在现场调研时，忘掉以前做过的设计，摆脱先入为主的思维方式，保持一种面对设计任务的好奇感、陌生感和新鲜感，察看、感知任何一条事关医院、场地、街区、城市的信息，为下一步综合分析、权衡判断、随机应变、创意发挥提供机缘和素材。设计，从勘查现场、前期调研时就已经开始。

下面举三个案例，详细介绍该如何做现场调研。

• 山东潍坊市益都中心医院新院区

在设计山东潍坊市益都中心医院新院区时，我们首先到老院区进行调研。

益都中心医院位于青州市（县级），1994 年就通过三级乙等医院评审，是潍坊市西部医疗急救和保健中心。开放床位 1000 床，神经外科、肾内科为省级重点学科，学科发展相对均衡，没有非常突出的优势学科。现有病房楼都是单廊护理单元模式，门诊医技楼新建不久，“回”字形平面，科室布局、流线组织、公共空间不甚理想。相对略显平淡的医疗，医院人文历史却非常有特色。

医院前身是在 1882 年英国传教士创立的施医所基础上建造的广德医院（见

图 3-1-1)，“广德”二字取自“广济天下，德行百年”，是山东历史最悠久的医院，比山东省立医院还早 15 年，其建院历史在国内也屈指可数。医院院内还保存着一座广德医院时期建成的中西合璧小洋楼 —— 欧式平面型制的，坡屋顶用小青瓦，墙身和明柱用青砖，虽过百年，楼体依然完好，现在作为院长办公室使用。

图 3-1-1

图 3-1-1 广德医院旧址

医院院区南侧是明朝衡王府遗址，现存两座造型宏伟、刻工精细的“午朝门”石坊（见图 3-1-2）。现场察看时，设计师看到真实的历史遗迹，也能感受到医院深厚的文化底蕴。新院区北面和东面是城市干道，西面和南面是城市次干道，用地现状是农田，没有自然水域、古树等有价值的生态资源。

设计师通过查找资料，对青州市有了全新的认识：青州属华夏古“九州”之一，曾被定为南燕国都，历史非常悠久，文化积淀很深，寇准、范仲淹等历史名人都曾在此为官，留下许多故事。龙兴寺窖藏佛像，是 20 世纪中国 100 项重大考古发现之一；云门山上的“寿”字开凿于明朝嘉靖年间，通高 7.5 米，属全国之最；青州市博物馆是全国唯一位于县城的国家一级博物馆。青州是国务院评审的国家历史文化名城。另外，青州多山，处于暖温带半湿润季风气候区，气候温和，四季分明，冬季寒冷干燥，夏季炎热多雨，春秋温暖适中。

图 3-1-2

图 3-1-2 “午朝门”石坊

• 南京 454 医院改扩建项目

医院打算拆除院区中间的“工”字型病房楼，建设一座医技病房综合楼。察看现场时，设计师除了把工字型病房楼每一层都仔细地看了一遍，还花了大量时间把整个院区现状了解清楚。医院分医疗区和办公宿舍区，中间是城市道路，医疗区南侧是城市道路。“工”字型病房楼位于医疗区中间，其南侧是“一”字型的门急诊楼，离南面的城市道路只有 8 米，并且开有门诊出入口；北侧是刚建成不久的空勤楼（飞行员专用病房楼）和体检中心，东侧开有探视出入口，与东侧办公宿舍区入口隔着城市道路相对应；医疗区西北角是洗衣房、勤务队、营养食堂等后勤服务单元。 医院在首层基本上呈现出由南北主走廊组合各功能体块的流线框架，但由于建筑年代久远，空间尺寸、室内环境都比较差。另外，现存的最大问题是没有入口广场，也没有机动车停车位。医院人流、车流没有缓冲、分流的条件，院前环境很差，如图 3-1-3 所示。

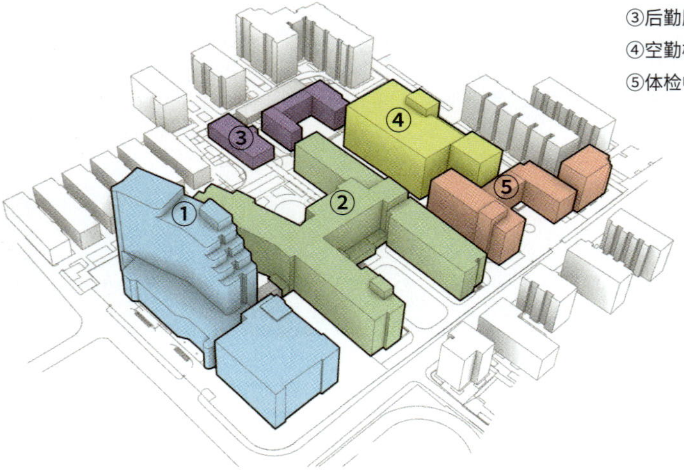

图 3-1-3

图 3-1-3 南京 454 医院院区现状

·四川北部某医院

医院由投资公司与公立医院合作建设，前期由投资公司进行操作，没有设计任务书，公司对医院运营、科室设置等没有明确，只有床位数和总建筑面积控制。医院用地西临城市道路，用地西低东高，从西往东分三块台地，海拔高度分别是 550 米、570 米、610 米，西部台地和中部台地基本平整，东部台地中央有一处 30 米高的山峰。

做前期调研时，除了解了以上比较大的方面，还要注重细节，如益都中心医院新院区场地有一口石块砌筑井体的深水井（见图 3-1-4）;454 医院“工”字型病房楼周边有几棵比较大的松树和玉兰树（见图 3-1-5）；四川北部某医院中间台地有一处 1500 平方米的水塘，水塘东面不远的地方有一处清道光四年镌凿的摩崖佛像（见图 3-1-6）。这些事关场地人文历史资源的信息可以在下一步设计中去分析、权衡、取舍。

图 3-1-4

图 3-1-5

图 3-1-6

图 3-1-4 益都中心医院新院区场地内的石砌深水井
图 3-1-5 南京 454 医院内两棵高大的玉兰树
图 3-1-6 医院附近清道光四年镌凿的摩崖佛像

第二节 生成的方法——多重目标的比较

医疗建筑是最复杂的建筑类型，它服务的主要对象比较特殊——病人，因而要考虑病人的情绪和身体状况；它的物理空间要求比较复杂，如放射、特检、手术室等，不仅房间大小有各自特定的尺寸，室内还需要做其他公共建筑所没有的辐射防护、隔声屏蔽、空气净化等；各种流线组织复杂，医院吸引和产生了大量的人流、物流和车流，再加上医学上要求的洁污分流，因而医院出入口设置和动线的组织注定是令设计师头痛的工作；平面布局也具有相对不确定性。随着社会发展、技术进步，医院功能组成、服务模式都会变化；它所处的场地和城市环境千差万别。有的用地旁边只有一条城市道路，有的用地四周都是城市道路；有的是平地，有的是坡地；有的位于南方亚热带气候区，有的位于北方温带气候区，还有的位于西部高山高原气候区等。面对这些复杂得可能让人迷惑的建筑环境，"不能从一个点去看，而要从前后、上下、左右、里外各个方面、各个点去看"，把建筑的整体概念进行拆分，从不同视角去解开建筑整体的构成，就会看清它的本质，然后"敬从规律，随缘入境，自在生成"。

事实上，我们只有对前文所述的医院设计本原因素以及外部设计条件进行分析、协调、取舍、权衡，在设计中进行应对，最大限度地达到我们的设计目标，才是我们应永远遵循的设计法则。尽管不同的人按这一法则"生成"的结果可能不同。最大限度地达到我们的设计目标，即意味着我们最后生成的设计不可能对所有设计条件和因素都做出最好的或者最贴切的反应和应对，即使做到了，也未必产生最好的结果，如同意大利城市设计师沃尔夫所说，"好的建筑并不带来好的城市，而差的建筑也并不一定产生坏的城市"。这里面有一个矛盾的取舍，哪些因素是主要的，哪些因素是次要的，当解决这些因素有矛盾时，我们应该从以下七个方面分析、协调、取舍、权衡。

第一，考虑功能布局，实现功能布局合理是做好医院设计最基本的目标。医疗区放在哪儿？医疗区中门诊、医技、病房做成综合楼，还是将病房楼单列？感染门诊放在哪儿？行政办公和科研培训设置在哪儿？医院的服务功能放在哪儿？医院保障功能放在哪儿，独立成栋还是设在综合楼地下室？以什么样的流线空间形式将各个功能单元和体块组织起来？总体规划是否留有医院发展的余地等。

第二，考虑医院的运营模式，这对医疗功能布局有重大影响。是常规的门诊、医技、病房"摊大饼"模式，还是诊疗中心分散形式？急诊部分是急诊科还是急救中心？是把病人处理后转到各自科室的平台模式还是独立核算的中心模式？病房是用大护理单元还是小护理单元等。

第三，考虑医院与外部的交通流线组织，这是保证医院正常运转的重要条件。医院用地周边市政道路是什么级别的？是否有公共交通站？如何设置医院门诊出入口、探视出入口、污物出入口？机动车进院区后如何放下病人，如何进地库，如何离开院区？坐公共交通来的人如何进入目的科室（单元）？如何人车分离？平面分离还是立体分离等。

第四，考虑在改扩建时维持医院的运营。若有局部影响，医院是否能克服？这些牵扯到可以拆哪些不合适的旧建筑。要花心思分析医院不想拆、但设计师想拆的旧建筑对改扩建的影响，要对改扩建时医疗功能的搬迁方案进行比较和沟通。另外，改扩建要实现的目标是什么，扩大医疗功能？重构整个院区医疗流程？整合建筑环境？梳理院区交通？这也是改扩建设计中考量的重要内容。

第五，考虑医院建设投资渠道以及单方造价。医院建设的层次是高还是低。若造价低，如何在尽可能好的设计方案中降低造价，如何为以后提升层次预留条件，是体现设计质量的重要方面。不能因造价低而粗制滥造或者降低工作目标。

第六，考虑场地的自然环境和人文环境。院区是平地还是坡地？坡地高差如何消解？土石方如何平衡？是否存在有必要保留的地形地貌？场地内是否有自然水域、湿地和植物值得保留？场地是否有其他人文历史资源可供设计师进行创作？若能实现建筑与场地的共生共构，使建筑成为“这个场地上的建筑”，那建筑的“唯一性”就意味着更深层次的和谐。

第七，考虑医院周边的地域文化。一方面，每个城市所处纬度不同，自然气候也不同，这种不同在建筑上会有所体现，会逐渐地演化成不同的建筑风格和特色。另一方面，不同的城市有不同历史文化和风俗习惯。这些因素在建筑中如何体现，意味着是否能提升建筑内涵和传承历史文脉。

……

上述几个目标之间互相关联，并不存在绝对的重要程度顺序，有时后面的因素目标会影响前面的目标布局情况。在这一环节，我们要先列出目标和设计条件，再以单一目标为条件做出概念草图，最后把不同目标的草图综合分析，形成一个最大限度地覆盖多重目标的方案，它就是最具深化可能的方案。在实际设计中，并不局限于以上几个目标，考虑的因素越充分，对设计条件呼应得就越多，才有可能做出更好的方案。这种方法比较严谨，不容易漏掉潜在的目标。但在考量覆盖目标效果时，有时不可能实现每个目标的完美覆盖，设计师就要权衡、取舍，实现总体目标最优化。

如图 3-2-1 所示，1999 年作者参加了一个医院设计招标，最后实施的已建成方案没有全面考虑院区的交通问题，导致整个院区道路与新建建筑关联不好，且建筑的山墙对着道路，略显拥堵。作者的设计方案却充分考虑了新建建筑与院区交通道路的联系，形成了完整的院区环路。建筑形象对院区也有迎合姿态。如图 3-2-2 所示

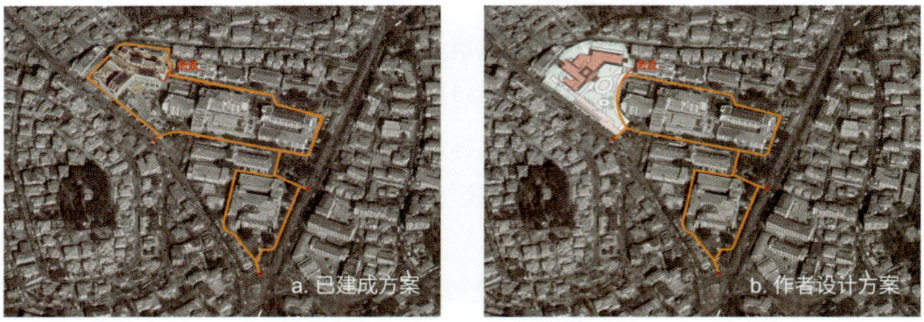

图 3-2-1

图 3-2-2

图 3-2-1 院区交通方案对比
图 3-2-2 作者设计的医院效果图

设计做多了以后，常会以变通的方式来做。心中想着医院的各种因素和外部设计条件，一般会以功能为主综合其他的因素来做，内心会思考很多，但做出的草图并不多，因为设计师在心中已经分析、权衡、取舍了，认为不可行的已经在心里否定掉了，拿出的几个草图基本上都是可行的。这时，再仔细推敲、研究，究竟哪个方案能更好地满足医院各方面需求，此时多重目标的比较就会以多方案筛选的方式来实现。此时的方案形成仍以骨架为主，具有比较好的深化基础。

再以潍坊益都中心医院为例。场地北侧和东侧是城市主干道，因而一期主医疗区即门诊、医技、病房楼安排在新院区东侧，北侧开探视出入口，东侧开急诊出入口，南侧开医院主出入口。院区西侧安排二期工程，其南侧为感染门诊，处于下风位。一、二期之间是中心绿地。这种大布局和院区开口与基地周边交通相对应。关于病房楼的设置，有两种方案：一是在主医疗区西侧连续布置 4 栋 12 层的病房楼；二是在北侧设一栋集中的病房楼。有很多人喜欢第二种方案，高大气势;也会有一部分人喜欢第一种方案，运行成本低，还可以改成诊疗中心模式。最后综合成第三种方案，北侧设两个护理单元病房楼作为医疗区主楼压轴，西南角设一个护理单元的病房楼，将来可以形成诊疗中心，现实和理想协调了一下。一方面，东侧门急诊体块做成弧形比规矩的方形更有优势，既呼应了南、北、东城市道路的场地条件，又将建筑南、北立面整合成一个连续的建筑界面，还强化了急诊入口，突出急救中心地位，为东西发展轴线的设计打下逻辑基础。另一方面，天圆地方的构图为彰显当地历史文化底蕴埋下伏笔。在这种大布局下，门诊楼就突出在主病房楼东侧，医技在主楼中轴线以东，与门诊形成紧密的联系。中轴以西为二期医技，这样的布局，常规的一条医疗街就不足以完美解决门诊、医技、病房之间的联系，于是创新性地建设“H”型医疗街，右边是门诊医疗街，左边是病房楼医疗街，中间一横是将门诊、医技、病房串起来的医疗街，并且向西延伸，可以将二期建筑连起来。于是，对应设计条件，有逻辑地一步一步生成医院设计架构，它不是设计师臆想的，而是在基于医院需求、发展趋势、场地条件、地域特色等因素生成的，它的产生是有因缘的，它的存在是有基础的。

图 3-2-3

图 3-2-3 潍坊益都中心医院鸟瞰

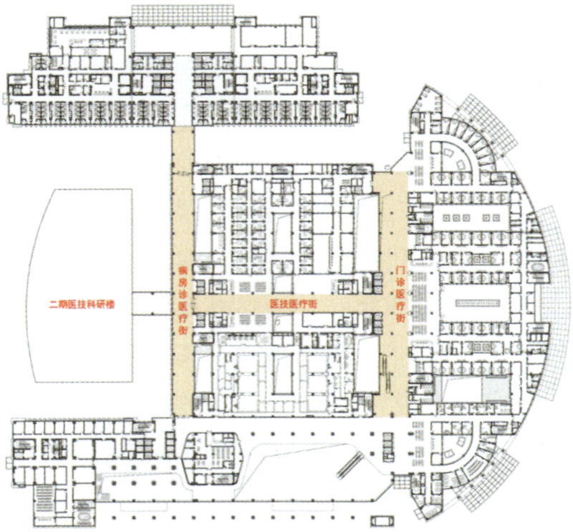

图 3-2-4

图 3-2-4 “H”型医疗街

再看 454 医院改扩建，新楼医疗功能比较容易实现。但是在现场调研时，从全院区范围来看，医院现存的最大问题是没有广场，这是我们方案设计的一个重要线索。按原来的规划方案是拆除工字楼，新建一座 17 层高朝南的板楼。其他设计单位或许没有仔细调研现场，基本上是按原规划进行设计，只是因为日照的问题，把主楼向南移得更靠近门诊楼，新楼大门朝东，北侧留有绿地广场，隔离了新楼与空勤楼的联系，广场以短边与东面城市道路相连，主楼又以山墙朝向东面，既没有形成尺度、形状合适的广场，又没有以建筑来围合广场，医院整体建筑形体依然杂乱，没有中心。如图 3-2-5 所示。

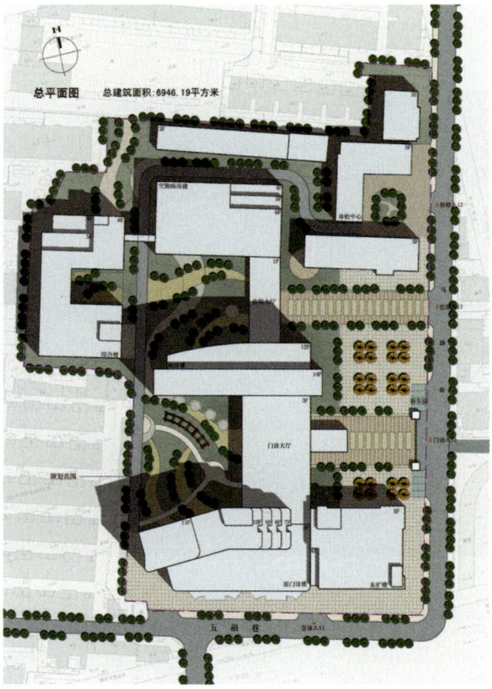

图 3-2-5

图 3-2-5 南京 454 医院原总体规划方案

由于在现场调研时发现上述问题，因而在改扩建设计中树立的目标更高。将新主楼扭转90°，安排在最西边，前面三层裙房设置医技和门厅，主入口朝东，这样以新门厅组合的南北向医疗街将南侧门诊楼和北侧空勤楼联系起来，形成一个“U”字型建筑群，围合了一个朝东的广场，将医院主朝向由朝南侧改为向东，形成了与原来完全不同的“新医院”，如图 3-2-6 所示。这个方案得到了医院职工和评委的高度赞同，其主要原因就是设计师深入场地，直观地感受场地的自然环境、空间氛围，了解到场地所涵盖的隐性信息，寻找到医院改扩建的内在需求和深远目标。正是因为了解了这些因素，使设计师在前期就能站在一个更高的角度和层次来看待整个设计。

图 3-2-6

图 3-2-6 南京 454 医院最终实施的总体规划方案

四川北部某医院只有 2200 张床位和建筑面积 30 万平方米的指标，实际上是一个前期策划和概念性方案。医院用地，如图 3-2-7 所示，分为三个台地，用地中央还有水塘及一座庙宇。医疗区肯定是布置在临近城市道路的西部台地和中部台地，比中部台地高 40 米的东部台地安排为医养区。医疗区南北狭长，门诊、医技放在西部台地的东半部分，门诊楼主立面朝西，西面是医院主广场，各个出入口非常好布置；门诊楼东面是位于中部台地西半部分的病房楼和部分医技，二者连成一组建筑群。医疗区大的布局与用地形状有很好的呼应，台地高差也很容易在建筑群中的南北向医疗街中消解，形成的医疗区平面和形体也非常利于医疗功能布局和流线组织，因而各方对这种大的布局骨架很快就达成共识。在进一步设计中，病房楼布局有了三个不同的方案。方案一是在北侧设三栋 15 层朝南的单护理单元病房，其中北边两栋为专科病房楼，南边一栋是 VIP 病房楼，最南边设一栋 10 层朝西的双护理单元综合病房楼，如图 3-2-8（a）所示。方案二是在门诊楼北侧设一栋 22 层单护理单元的专科病房楼，门诊楼东侧设一栋 10 层朝西的三个护理单元的病房楼，其中布置综合病房楼和 VIP 病房楼，如图 3-2-8（b）所示。方案三与方案二大致相同，不同之处是把朝西的三个护理单元病房楼拆解成两个护理单元的综合病房楼和单护理单元的 VIP 病房楼，如图 3-2-8（c）所示。

图 3-2-7

图 3-2-7 四川北部某医院用地图

三个方案从医疗功能上来讲，不相上下，没有很大的差距；从建筑形体上来讲，方案二更完整、更有气势，方案一和方案三更丰富、更有变化。似乎三个方案都很好，难以选择，但是从中部台地水塘和摩崖佛像这个设计条件来分析，就有差异了。方案一，朝南的 VIP 病房和朝西的综合病房楼围合了一个集中绿地，可以打造一个以水塘和摩崖佛像为中心的景观环境，既有佛像神灵佑护，又有鲜花绿草慰藉，可以想象这个中心绿地能给人们带来多少愉悦和平静；方案二，为了设计一栋三个护理单元面阔很大的病房楼，需把水塘填埋，摩崖佛像保留，但是被紧邻崖壁的病房楼所压迫，就无法实现古迹与现代建筑的自然融合和呼应；方案三，由于把朝西的三个护理单元病房楼拆解成两栋楼，从而保留了水塘，但是水塘和摩崖佛像仍处于这两栋病房楼和崖壁之间的狭长空间，不能打造一个相对集中、布局丰富的中心绿地。通过分析，方案一显然能覆盖更多的目标：总体分区明确、交通组织流畅、医疗功能合理、医疗流线简捷、医院运营高效、保留宝贵生态、保护历史遗迹、塑造中心景观……最后，方案一得到建设方认可，这也是设计师逻辑和情感的层次表现，显然方案一的设计师对摩崖佛像更有感触、更能妥善保留文物！

a 方案一

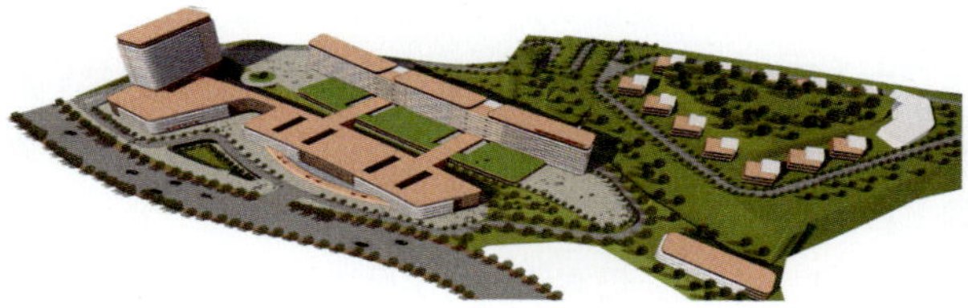

b 方案二

c 方案三

图 3-2-8

图 3-2-8 四川某医院方案鸟瞰

在设计过程中，有许多建筑创作的“因缘”，有许多本源因素和外在条件需要我们思考斟酌。我们在设计中做出的反应有强有弱。有的设计几乎每个层面、每个角度都有需要回应的因素，并且逻辑关系很强，这就会有强烈的“生成”之感；有的设计只是有几个层面、几个角度有需要回应的因素，这就形成大的设计骨架，而那些不需要很强回应的地方就是设计师随意发挥的地方，这是一个有逻辑的设计；设计中完全没有需要回应的因素，设计师可以天马行空、不受限制，这种情形是根本不存在的，只不过隐性的因素和背后的逻辑没有被发现。就像风水，在山谷中，大多数人都会觅龙、察砂、观水、点穴，起码能判断出一二三，但在城市中则一头雾水，全是平地，哪儿有龙，哪儿有砂，但理气宗就看得清楚：高一寸为山，低一寸为水。

第三节 生成的细化 —— 高完成度的控制

前面生成的医院骨架是非常重要的，它一方面要适应目前所有医疗需求，也要回应外在设计条件；另一方面要有能力应对以后的功能变化。如门诊科室布置由常规的方式转为以器官为中心的模式甚至多学科诊疗模式（Multi-Disciplinary Treatment，MDT），实行诊疗中心，医技科室会以更多的穿戴式仪器替代原有设备等。最好的方式仍是以流线简捷、空间丰富的交通体系联系比较多的、独立成区的功能模块，每个模块除了通向医疗街的开口，最好对外还有独立出入口。整个架构具有发展性和灵活性，这是我们对设计百年医院的思考，尽管我们不确定以后医疗会产生什么变化，这或许是庖丁解牛的最高境界：目无全牛，只见筋骨。即使我们做到了这一步，它也只是为现在和未来提供了成功的基础，仍需我们付出巨大努力把各种观念和思路理清、落实完善，才能建成现在时的好医院。

乔布斯评价差一点让苹果公司倒闭的斯卡利犯了一个很严重的错误：认为只要有很棒的想法，事情就成功了九成。而乔布斯为了产品的卓越穷尽心思，甚至能想到把苹果笔记本的睡眠指示灯闪烁频率调成与成年人正常呼吸的频率相一致 —— 每分钟 12 次。好的理念需要落实到实处，落实不到位的好理念仅仅是个理念而已。医院设计方案在细化过程中有许多方面需要考虑、推敲。

一、服务模式的考量

不同地区的医院、同一地区的不同医院都会有自身的特点和运营方式。我们在设计中，要根据当地现状和管理团队的条件，设计出最适合的方案。既不能完全遵从医院管理现状和运营水平，新设计医院没有提升，又不能罔顾现状，生硬照搬照抄发达国家案例。如诊疗中心，这个模式适合大型医院，小型医院则没有必要。当然，设计大型医院时，即便甲方不提出这种模式，我们也应该考虑以后要有调整的余地。还有 MDT，这是一个提高诊治质量、避免误诊的好模式，许多医院都会提到它，但这种模式在中国怎么推广、落地是值得思考的。在做普通医院设计时，把关联科室相邻布置，再加上一间好的会议室或许就足矣。在中国床医比为 1:0.2 的情况下，MDT 还不具备全面推广的条件，国家级或区域医疗中心级别的医院通过 MDT 总结出完善的临床路径，再把这个临床路径在下一级医院推广，可能同样能收到提高诊治质量的效果。

再者，智慧医院，对医院影响巨大，手机挂号、收费，似乎越来越多的人觉得医院门厅可以缩小甚至取消，但反应过快未必是好事，从建筑设计角度来看，医院总要有与之规模相适应的门厅，即使现在门厅内安置的功能弱化甚至消减，但总会有与公共空间相匹配的新兴功能，如体验中心，通过展览或设备让人对人体自身有系统的了解。从出现智能化时，人们就追求各种传输更快的技术，从五类线到六类线，再到光纤，吊顶里综合布线越来越先进、复杂，也许哪一天这些东西全部不要了，建筑又回归到过去。医院里只有大型基站，所有终端设备全是无线的。智能化需要我们在设计中认真对待，特别是那些对医疗行为产生影响的技术。随着华为 5G 技术的商用，实现无延迟性传输，会使远程手术等医疗行为成为现实。下一阶段在医院设计中，远程医疗相关内容值得我们在医院设计中仔细考量。

二、医疗功能内容的变化

县级医院门诊面积占比一般比市级医院小，门诊候诊厅不需要很大，检验科、放射、B 超则需要较大的等候空间；市级医院及省级医院对日间病房和日间手术室的认可和需求大；内窥镜、康复、体检是每个医院都在发展的；病房有增加单人间倾向；三级医院医技成为区域检查中心，服务范围更广；规培中心越来越重要；三级医院科研用房占比加大；餐饮服务和陪护中心正在加强。

三、流线简捷

流线简捷是医院高效、安全运行的重要基础。一级流程中的医疗街要便捷，使病人能迅速找到目的科室，同时能在丰富的空间中保持良好的状态；二级流程更要清晰，多转一个弯，病人就可能失去方向感。最好的架构就是鱼骨式：脊骨是医疗街，鱼刺是科室（见图 3-3-1）。不需要标识系统，人们仍能方便地到达目的科室，才是最好的流线。

如图 3-3-2 所示，某设计方案，检查流线迂回，要经多个转弯方可到达检查科室，患者易失去方向，经优化后的方案，流线简洁。

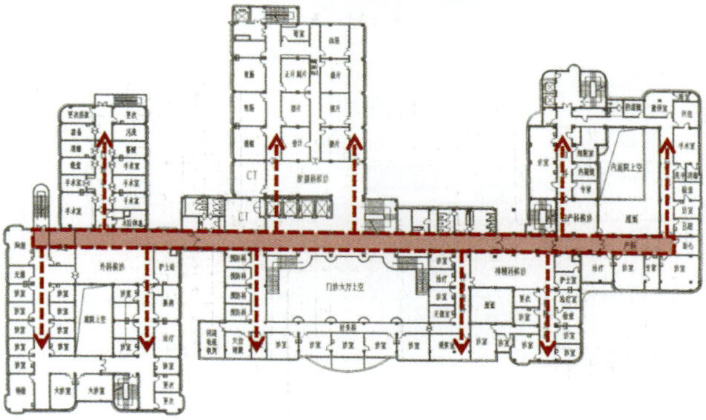

“鱼骨式”流线框架　　图 3-3-1

图 3-3-1 设计于 1990 年的山东省立医院采用了“鱼骨式”医疗街模式

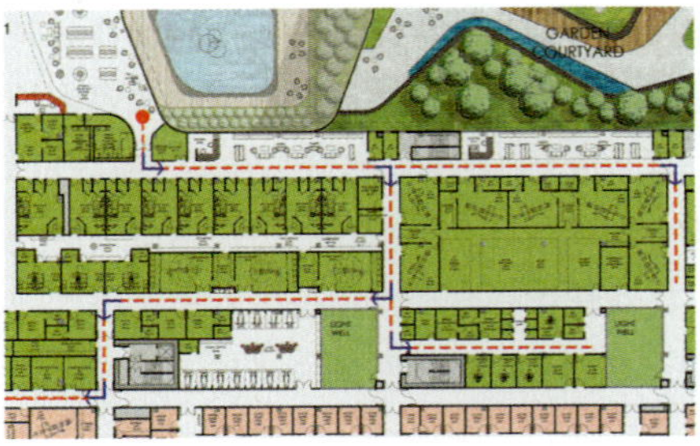

a. 优化前

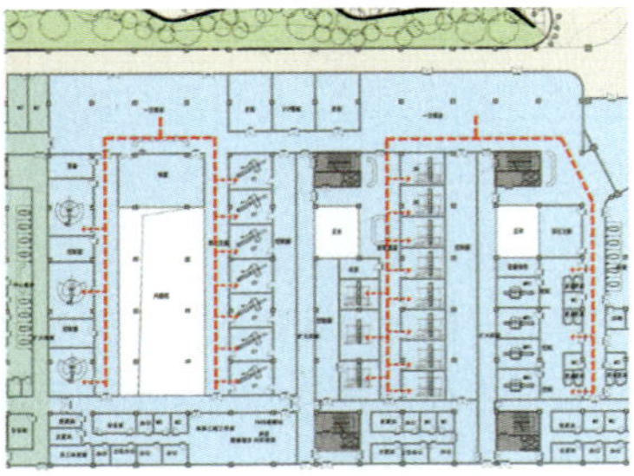

b. 优化后

图 3-3-2

图 3-3-2 某医院检查流线的设计方案优化前后对比

四、降低视野中的人群密度

大型医院门诊量大，甚至日门诊量超过一万人次，再加上陪护人员和探视人员，几万人在楼内川流不息，产生很大的噪声，再温馨的空间，只要加上高密度的人群，室内环境一定会让人心生烦意，进而影响到生理状况。人群是实实在在地存在，如何减少人群密度呢？“空间相通、视线遮挡”，把人群藏起来，减少视野中的人群密度，这是比较实用的方法（见图 3-3-3）。比如，一次候诊厅线性布局，看见这个候诊厅的人群，就看不见别的候诊厅人群；输液厅封闭布局，不要敞开与走廊合在一起。凡是人群密集的区域，通过设计布局最大限度地缩小其组成单元，避免单元之间在视线上相连，就不会形成视野中人群叠加的现象。原理很简单，做起来却需要设计师全面落实才能取得良好效果。

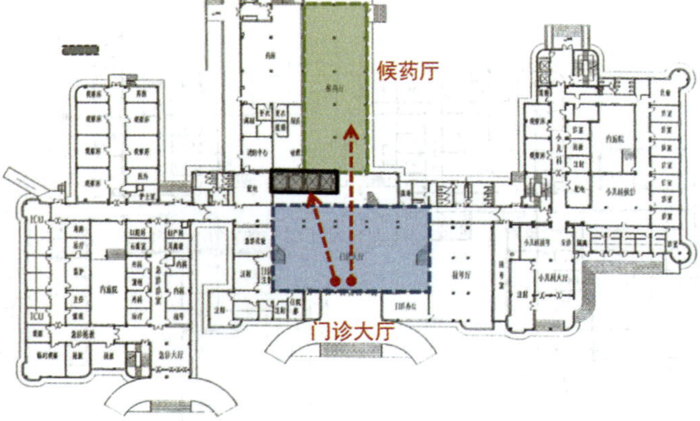

图 3-3-3

图 3-3-3 降低视野中的人群密度

五、门诊科室布局

门诊需要自成一片区，目前有单廊式、双廊式、三廊式（见图 3-3-4）。单廊式，一条走廊两边房间，通风采光好，但一个尽端房间数量多，不方便科室布置，小科室需要两个或更多才能填满一个尽端；三廊式，一般两边走廊是病人二次候诊走廊，中间是医护走廊，诊室只能是暗房间；相比前两种方式，双廊式更具优势，既可以安排两个小科室，又可以合二为一安排一个大科室，诊室大多数能自然采光和通风。除了这三种形式，还有一些小众平面，但布置的原则是：形成的尽端要大小合适，既适合小科室，又能组合成中科室和大科室，还要尽可能自然通风和采光。

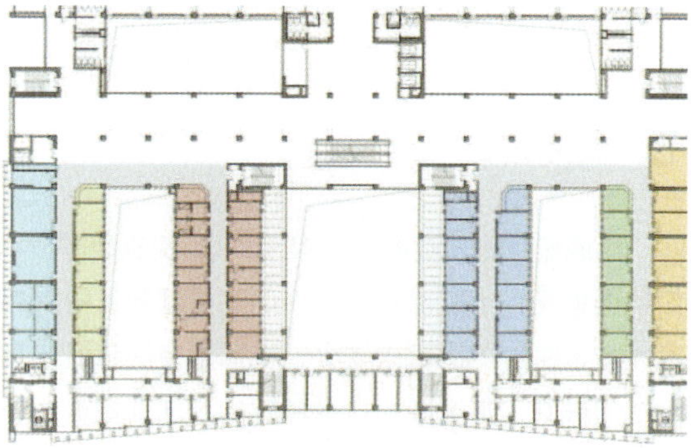

a 单廊诊室单元布局

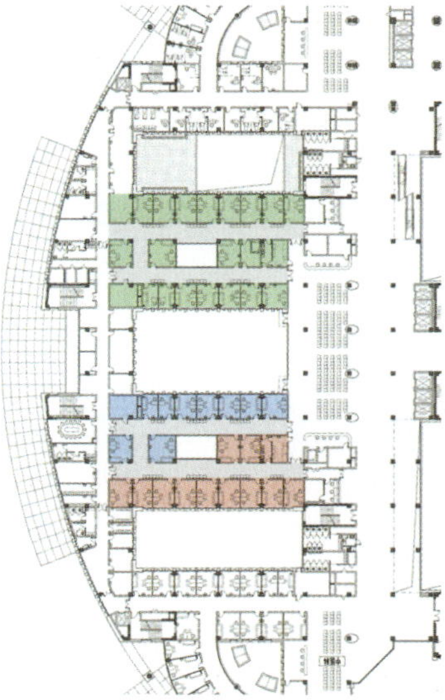

b 两廊诊室单元布局

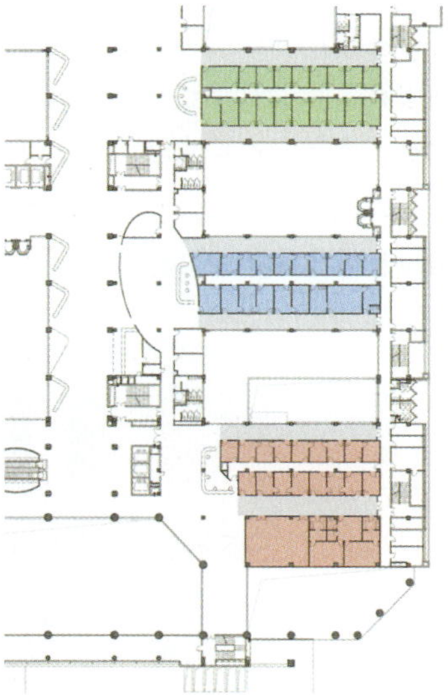

c 三廊诊室单元布局

图 3-3-4

图 3-3-4　诊室单元布局

六、物流系统

医院产生数量巨大的人流、车流、物流、信息流，其中物流对医院运营，特别是高层病房楼影响巨大。物流系统目前有气动物流、轨道小车、箱式物流、AGV 等多种形式。运输能力、速度、造价都有很大的不同。若医院投资有限，不能上物流传输系统，也要在设计时预留条件，如层高、孔洞等。特别是病房楼的输液、药品、一次性物品等量大的物品，最好用箱式物流，每层护士站和病房、药房、静脉配置中心、中心供应室垂直布置，线路简捷，减少占层高的水平线路。另外，在护理单元治疗室里设专用物流电梯也不失为一个物美价廉的好方法。高层病房楼应设污衣通道。这样做既提高了物流效率，又减少了垂直交通压力，而且降低了人们的候梯时间。

七、集成设计

集成设计最重要的是要实现共享、提高效率。一类是同种单元之间的集成，如护理单元，大家都知道，一层双护理单元效率高，科室安排灵活，垂直交通高效，医护配比可以减少，特别是夜间值班更具优势，因而现在有做一层三个护理单元甚至四个护理单元的，出现护理层的概念。这种模式应该是每个护理单元都直接通过同一个垂直交通核心，实行并联，而不是串联。若是串联，效果会打折扣。另一类是不同种单元之间的集成，如中心手术室、门诊手术室、剖腹产、DSA 集中布局，再与输血、病理、ICU 相连，设备集中、管线简捷，医疗效率和方便程度都会提高。还有 MDT、诊疗中心也是一种集成设计，包括物流也应该集成，中心供应室、一次性物品库、行政库房、后勤物资等最好也集成设计，形成物流中心，方便采购、管理、分配。

如图 3-3-5 所示，将门诊手术室、中心手术室、ICU 及病理科临近布置，可以有效集成相关科室资源，提高医疗效率。

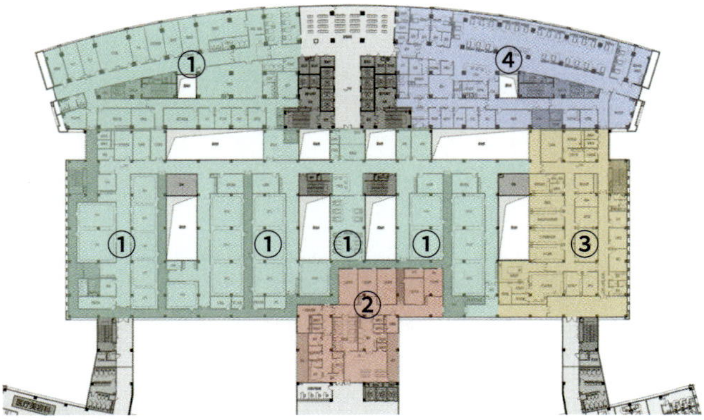

图 3-3-5 某医院的集成设计

八、公共卫生间的安排

这类功能需要离服务对象近一些，既不可缺少，但又不希望在公共空间中一览无余，对周围空间产生不良影响，因而非常需要设计师花精力思考。公共卫生间设计质量在某种程度上决定着整个医院设计质量的好坏，若设计师有精力把公共卫生间设计好，那就意味着别的方面不差。一方面公共卫生间最好不要集中布置，而应根据使用情况，在保证总蹲位情况下，多分几处设置，方便使用。另一方面最好不要让卫生间直接开口朝着医疗街，同时尽可能自然通风和采光，并采用迷路式平面，减少视觉和气味对主要公共空间的影响。有条件的话，最好将公共卫生间远离医疗空间，一旦设施有问题，不良效应延迟化，既方便维修，又减少对主体的影响。

如图 3-3-6 所示，某医院卫生间位于端头次走廊上，既方便门诊、医技使用，又有自然通风采光，可对周边环境影响降到最低。

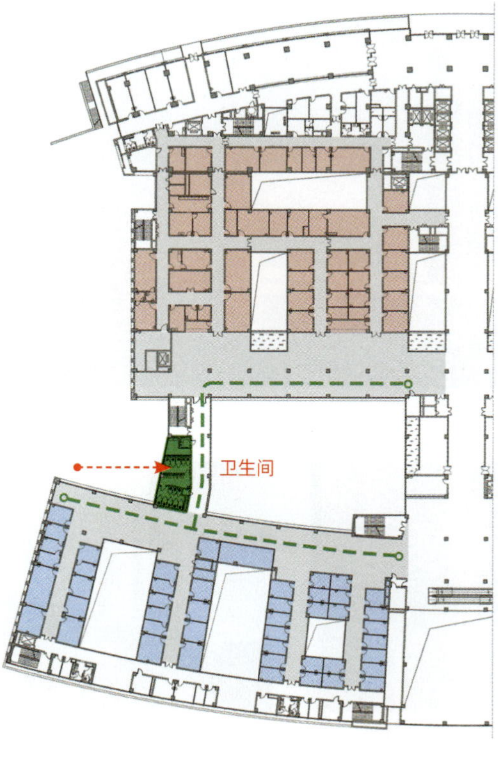

图 3-3-6

图 3-3-6 某医院公共卫生间的安排

九、地域特色的表现

北方建筑注重保温、采暖，平面相对紧凑，内天井比较多；南方建筑注重通风、遮阳，平面相对分散，灰空间多。这些地域特色都要在方案中有所体现和反映。首先，在建筑造型上，与当地的文化也要有所呼应。如前面讲的潍坊益都中心医院设计细化过程中，以厚重的裙房加浮雕以及入口柱廊，象征当地悠久的历史底蕴，以挺拔的竖线条和玻璃幕隐喻先进的医疗技术，高层屋顶的空灵造型则代表了可持续发展的未来。当地多山，有古诗“三山连翠，障城如画”的记载，以南部塔楼、北部板楼和五层裙房组合成群山跌宕的起伏轮廓线，再现诗中意境（见图 3-3-7）。另一方面，场地的特征要在方案中细致表现。若场地是坡地的话，平面如何与规划的台地相结合。最后，场地中的生态人文资源如何利用。前面的益都中心医院场地中的深井，在方案细化过程中被填埋掉了，因为如果保留，对平面影响太大，加之它不是非常有价值；而 454 医院场地中的玉兰树则规划移栽到东广场，恰巧这个广场是交通性硬铺地广场，保留的大树在广场中愈加显眼，更让人体察到设计师延续场地历史的心思。

图 3-3-7

图 3-3-8

图 3-3-7 建筑形式体现“三山叠嶂”的城市意象

图 3-3-8 潍坊益都中心医院立面柱廊

十、公共空间净高的控制

公共空间净高高一些，空间显得高大深远，在人流量很大的医院是非常必要的。控制吊顶高度，设计师在方案阶段就应给予关注。现在有个现象，觉得用 BIM 技术就万事大吉了，其实这是不全面的，甚至是错误的。BIM 仅仅是个工具，最后的效果取决于设计师应用这个工具的能力。比如医疗街，现在医疗街都比较宽，越宽的空间净高需要越高，而街越宽，梁的结构断面越大，同时设备、电气专业都会把主管线安排其中，即使应用 BIM，也是收效甚微。若设计师有控高的意识，就会取得事半功倍的效果。

设计师可以通过设置护士站、电梯厅等形成“豆荚空间”，与这些空间处于纵向一列的房间设置成非主要房间，把断面最大的新风和空调、排水管线等安排在这个区域的吊顶内，这样医疗街吊顶只有电气、给水等不用设坡度的管线，净高自然就提上去了。医疗街边上的房间和豆荚空间吊顶高度按空间尺寸可以低一些，空调利用这个高差侧吹，从而达到功能、空间、高度多方面和谐（见图 3-3-9）。

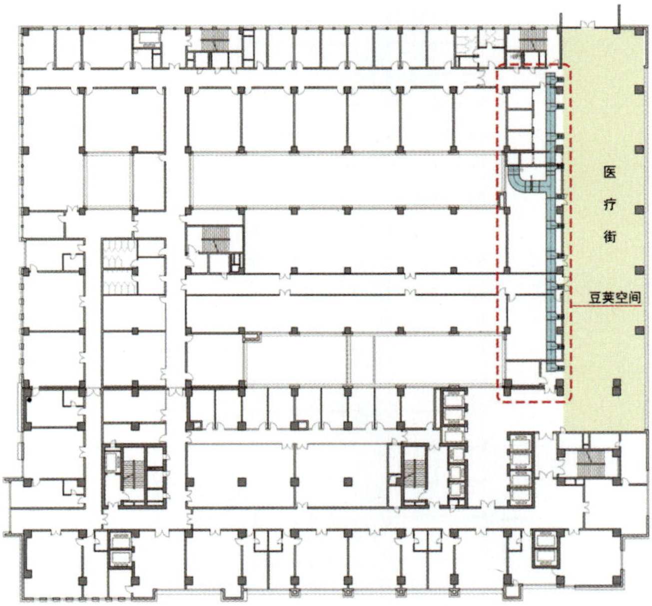

图 3-3-9

图 3-3-9　利用“豆荚空间”布置管线

十一、被动技术节能

不依赖建筑设备，通过建筑自身实现节能的方式就是被动式节能，它的核心是降低建筑自身能源的需求。相对于主动技术节能，它技术难度小，投资低，甚至不用增加投资，完全是靠设计师的智慧来实现。在当今社会环境，人们更多地关注主动技术，对被动技术有些不重视，即使有所了解，也认为只要设个天井、开个窗就能自然通风和采光了。其实，要实现被动技术节能，需要设计师在设计中全方位、全过程推行被动节能技术，才能取得良好效果。以自然通风为例，设个天井、开个窗户自然会有自然通风，但是要做好，还需要在细节技术上考虑很多。有个法则很多人不知道，单向自然通风的房间进深应小于房间净高的 2 倍；双向自然通风的房间进深应小于房间净高的 5 倍。例如房间净高 3 米，进深大于 6 米，单侧开窗自然通风效果就不好。另外，在高层病房楼中，好的设计师经常会在平面中间设一个 20 平方米左右的天井，这个天井主要作用不是采光而是通风。但设计师往往不会把这个天井在底部与外部空间相连，那样就补充不进空气，烟囱效应就会减半。若底部有通道与外部相通，烟囱效应就会提高很多。但是在冬天，这个强烈的烟囱效应反而是有害的，风速快，有噪音，还带走大量热能量，需要在底部设一道通宽的推拉门，需要通风时，打开推拉门；不需要通风时，关闭推拉门。造价不高，效果却很明显（见图 3-3-10）。

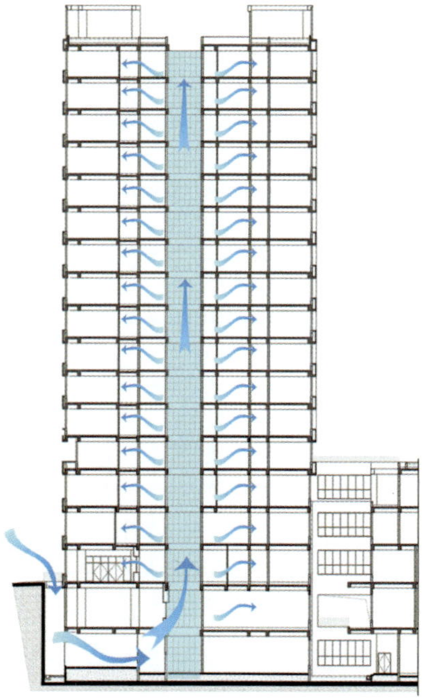

图 3-3-10

图 3-3-10 天井空气流通

十二、设计师统控能力

超过两个人做事，就要有人主负责。设计更是如此。规划、建筑、结构、暖通、给排水、强电、弱电、装修、空气净化、放射防护等二十多个专业、分项，更需要有人出面负责管理。专业性质决定了建筑师应起主导作用，而且要协调各个专业为完成一个好作品而共同努力，在这个过程中要“以身作则、身先士卒”，首先把建筑专业做好，同时掌控其他专业，就如同是一部电影中的主演兼导演。建筑师要控制柱网，把建筑空间特别是共享空间与结构统筹好，柱网并不是完全靠结构专业来定；建筑师要与各专业沟通，确定管道井位置，使之不影响建筑功能的布局，还有利于以后功能调整，同时对各专业自身来讲，管道井位置适中，系统合理；建筑师要考量冷却塔位置，使之不影响周围环境；建筑师要考虑各类进、出风口对建筑立面的影响……总之，建筑师是个“管闲事”的人，并且有动力、有能力去管，这样才能让设计细化得更好。

医院设计的细化，实际上就是“微观”层面上的生成。要分析各种设计条件和限制，进行多重目标的比较，找出最好的解决方案。如前面讲的入口共享大厅，假如必须安排在高楼下面，共享大厅可以安排在最外边一跨柱网，这样结构只抽一跨框架梁和楼板，对结构影响较小，但在建筑上只能形成边厅；也可以安排在平面中间，抽掉一排柱子，空间开阔，但对结构影响较大，同时转换层结构断面较大，处理剖面时问题会很多；第三种方式是共享大厅在平面中间，不抽柱子，共享空间可能会显得不利落、不开阔。到底哪种合适，需要权衡建筑空间的舒适和结构专业的代价。

第四节 生成的方向——对建设方的引导

医院设计在生成的过程中，根据各种外在条件和医院自身要求，会有不同的发展方向。选择不同的方向，形成的结果自然会有所不同，有的甚至差距很大。理论上，这些方向性问题应在设计任务书中有明确的说法，但很遗憾，在当下设计环境中，医院缺少对建设进行前期的研究和策划，更少有医院聘请专业团队进行医院发展、医院运营、院区规划、医疗工艺等多方面、多层次的策划。往往到了建筑师进行医院设计时，设计任务书中关于大的设计原则要么描述不清，要么缺失，或者在设计者看来有问题。在这种情况下，建筑师既要尊重建设方，又要对建设方进行引导，走向正确的方向。学有所长、术有专攻，医院建设方决策层绝大多数是医疗专家，他们对医疗建筑设计虽有了解，但毕竟隔行，因而，建筑师有责任、有义务以专业所长向医院建设方提出自己的建议和想法。在建设方带领的团队中发挥积极作用，使最终形成的决策向正确的方向发展。这也是建筑师由传统职业范围向前延伸的一个重要部分。

在新院区建设前期，医院建设方是否考虑康复、医养、专家公寓，若没有考虑，能否与政府沟通，在选址、征地时一并考虑。这样既可以扩展医疗服务范围，发挥医院动力，又为医院后续发展留下空间。医院在满足自身功能要求前提下，为周边养老提供便捷的、各种层次的医疗服务，“点亮自己，照亮别人”，提升养老区域的内涵品质和社会价值以及经济效益。

在综合医院中设立诊疗中心是一个发展趋势，许多医院发现和意识到这一趋势，并在新院区建设中积极实施，但如何实现或设立几个诊疗中心是需要认真思索和研究的。青岛某区与中国科学院大学合作新建一所医院，与建设方接触时，医院希望有诊疗中心。在设计中，考虑到医院总床位只有 1000 床，运营是由北京方面负责，从北京抽派知名专家和成熟医生，数量有限，并且医院是为“德国小镇”配套建设，有高端医疗需求，但需求总量值得推敲，若把整个医院定位为高端医院，而且在整个胶东半岛医疗市场竞争激烈的情况下，这会对医院运营造成极大压力。另外，医院建设是房地产公司出资操盘推进，资金并不理想。于是我们在 1000 张床的医院中设置了一个 200 张床的诊疗中心（见图 3-4-1），它可以是医院的强势学科设立的诊疗中心，也可以是医院设立的国际医疗中心，医院可以利用自身资源，不用付出很大的代价就能为胶东半岛提供优质医疗服务，快速形成口碑和品牌效应，带动为周围城区服务的另外 800 张床，从而使医院走向可操作的、稳健的发展道路。在医院组织的评审会上，日本专家认同这一设计思路，而对另外一个几乎全是诊疗中心的方案（门诊托着病房围着医技转一圈布置），则认为流线过于琐碎、病房难以调剂，不适宜医院运营。在应用国际先进理念时，我们不能照搬照抄，要根据国情、现实条件认真分析，既要发挥先进理念的优势，又不能教条硬搬，反而设计不出利于医院发展的方案。

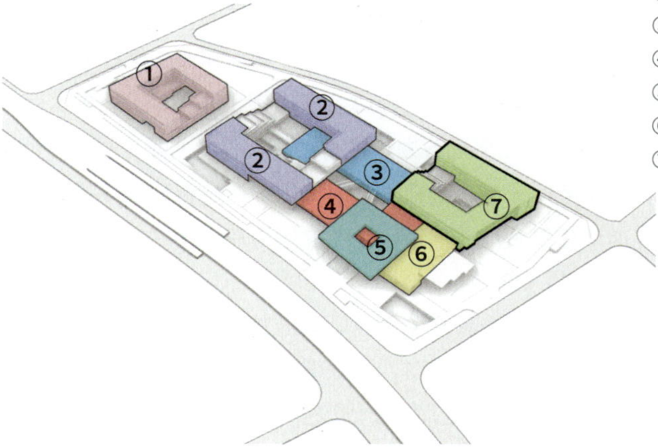

图 3-4-1

图 3-4-2

图 3-4-1 在综合医院中设计 200 床的国际部诊区
图 3-4-2 中国科学院大学青岛附属医院效果图

在医院改扩建中，设计师的引导作用更为明显。哈密红星医院（见图3-4-3）计划拆除医院中心的一片平房，建造一栋病房楼和部分医技，当地设计院已按医院的想法做出了方案。我们查勘现场后，与医院沟通，讲出我们的想法：医院现状是典型的县级医院发展模式，争取到资金立项、就建一栋楼，楼与楼之间几乎没有联系和统筹考虑，单栋楼内功能布局和流程也不理想，如门诊楼为了设置2层高的大厅，一、二层的可用房间很少，科室尽端也少。以这次改扩建为契机，设计师从单个新建病房楼和医技放眼全院，重新梳理医疗流线，重构医疗布局和建筑空间，打造一所“新医院”。具体做法是，增加几千平方米建筑面积，将新建的楼房与原来的外科病房楼形成整体，设计成集门诊、医技、病房为一体的医疗综合楼，内部功能布局、医疗流线、建筑空间完全以现代医院模式来设计，这栋综合楼决定了医院的“新生”和“新生的品质”。原门诊楼下面三层则改为体检和美容中心，上面几层改为行政办公和单身宿舍，并将老门诊楼通过裙房与南侧的中医楼连成整体，这样就把医院之前的四栋单体楼整合成两栋楼，两者之间用跨街连廊相连，彻底改变医院原来“旧、乱、差”的形象。

为了使院方有直观的印象和理解，我们做出方案和效果图，得到了医院领导的赞同，向医院上级领导汇报时，更是得到认可，并且增加了一层地下室，增加地下停车数量。有趣的是，在这个过程中，医院也邀请别的设计单位，设计师问医院领导想怎么做，医院领导说：“先别问我想怎么做，我带你们在医院转一圈，你们看后想怎么做就怎么做。”医院领导在改扩建时往往因为专业的局限，想不到如何去做，当意识到建筑师在这方面有优势时，他们也很乐意听取建筑师的建议。

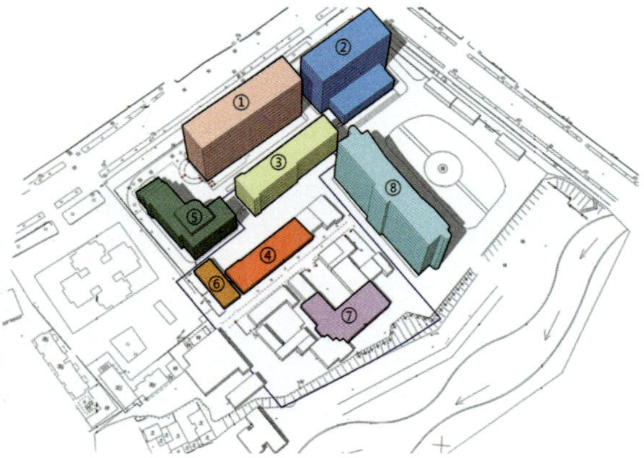

①中医楼
②门诊楼
③内科楼
④放疗楼
⑤办公楼
⑥食堂
⑦传染科
⑧外系病房楼

图 3-4-3

图 3-4-3　哈密红星医院原院区布局

通过新建和接建，将原来零散的建筑连接成一个崭新的整体，如图 3-4-4、图 3-4-5 所示。

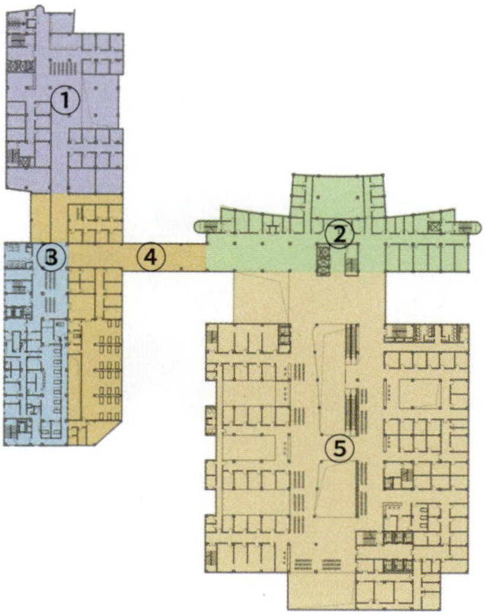

①原门诊楼
②原外系病房楼
③原中医楼
④新建医技楼
⑤新建门诊医技楼

图 3-4-4

图 3-4-5

图 3-4-4 哈密红星医院改造后平面图
图 3-4-5 哈密红星医院改造后效果图

在与医院沟通的过程中，建筑师可以将自己的想法表达出来，并影响医院的决策，但是在投标中，双方几乎没有交流的机会，那么建筑师如何引导建设方呢？这时可以通过方案文本将建设思路、想法表达清楚。总之，我们不应放弃任何机会和任何形式将我们比较好的思路推介给建设方。例如，安徽某省级医院改扩建设计招标，设计任务书给出了已通过批准的总体规划：东面靠近城市干道设门诊、医技楼，西侧是“U”字型病房楼，再往西是现状一期病房楼和部分医技。查勘现场时，我们发现建设用地里有老门诊楼、老病房楼和住宅楼，需要拆除老楼才能建新楼。原来的规划建设程序如图 3-4-6 和图 3-4-7 所示。

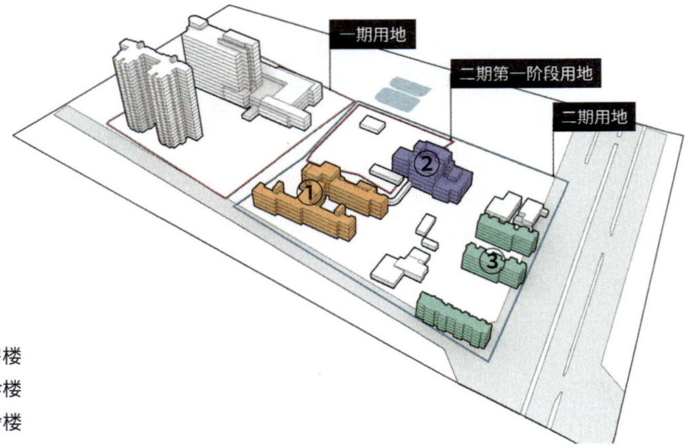

①病房楼
②门诊楼
③宿舍楼

图 3-4-6

图 3-4-6 安徽某省级医院原平面图

先拆除北侧老门诊楼西半部分，建成“U”字型病房楼右侧一竖的部分，将门诊和老病房楼功能先移进新病房楼；然后拆除老门诊楼东半部分、老病房楼和住宅，再建“U”字型的剩余部分和新门诊、医技。看起来是比较合理的方案，在进一步调研中发现，虽然是省级三甲医院，1000 多张床位，但因为是专科医院，门诊量一天只有几百人次，原方案先拆除老门诊楼西半部分，主要是利用东半部分在先期建设期间实现门诊不停业。调研后，我们考虑既然门诊量不大，何不利用东南角住宅加上钢结构扩建成临时门诊，把老门诊整体拆除，先期建设一层两个护理单元的板式病房楼，再拆除老病房楼和其他住宅，建设门诊和医技楼，最后拆除临时门诊，建设东侧的入口广场。以上规划的优势在于：板式病房楼比“U”字型病房楼通风、采光好，而且与原规划相比，在门诊医技楼与一期病房楼之间留有一块很大的中心绿地，营造了院区环境，也为医院的发展留有余地。在方案中，我们对这个思路进行充分表达，最后成为中标方案并得以实施。在设计投标中，为建设方提供一个与医院既定方向不同或者与别的设计院不同的设计方案，为医院多一个选择的余地即是对医院建设方的潜在引导。

图 3-4-7

图 3-4-8

图 3-4-7 安徽某省级医院原规划方案
图 3-4-8 重新规划后的安徽某省级医院方案

第五节 生成的态度——情感人文的表达

如果医院设计仅仅停留在物质功能层面上，那么医疗建筑的发展就不会像今天这样丰富多彩。建筑师总会带着情感去设计，前面所讲的一些与设计相关的客观现实和条件往往因为设计师主观因素的介入而产生不同的结果，这也是建筑设计的魅力所在。

“自在生成之路的目标不仅是建立在建筑因缘的差异性与建筑文化的多样性基础上的，也是建立在建筑师职业道德及其价值观念基础上的。”

对医疗建筑设计，我们往往更多地关注客体——设计成果本身，实际上设计主体——设计师，更为重要，《自在生成论》在本体论和宿命论中对建筑师的角色和作用有很多叙述。

设计师要有正确的价值观。设计师是以自身的设计工作来创造价值。衡量设计师的价值是以他的作品是否将社会投资利益最大化，是否给行业和社会留下有价值的痕迹为主要标准的。在这个观念的指引下，设计师要目光长远，脚踏实地，珍惜每一次设计机会，把与设计相关的因素权衡好，在解决好主要矛盾的基础上，做出亮点。在方案创作、施工图设计、工地服务等环节，不计较个人得失，把工作做好，毕竟从更长的时间范围看，每个人的收获一定会与付出成正比。把工作做好，个人的利益诉求和人生价值才能实现。

设计师要有团队精神。建筑设计是一种由众多极具自我意识的设计师一起协同工作才能完成的活动，设计师在其中起到主导、协调作用，既要做好建筑专业的事，又要统筹其他专业一起为一个高完成度的作品而努力。设计师既不能为了个人的利益心和名誉心而靡费投资，增加其他专业无谓的付出，又不能降低目标而落入俗套、碌碌无为，设计师要有“无我利他”之心，以创造优秀作品为直接目标，以与团队一起实现人生价值为最终目标。

设计师要讲政治。许多人认为设计师是搞技术工作，无关政治，这个观点存在片面性。政治是政府、政党等治理国家的行为，是以经济为基础的上层建筑，看似离我们很远，其实不然，它关系着我们工作的方方面面。当今政治语境中的词汇都对我们工作有指导意义。“四个自信”中的文化自信，与我们设计中的文化自觉引领建筑创新有直接关系；“不忘初心”，与格罗皮乌斯的“学习设计最紧要的是保持一种没有被理性知识的积累所影响的新鲜心灵”有异曲同工之意……国家大政方针同样在更高层次上影响和决定着我们的设计。社会发展五大理念：创新、协调、绿色、开放、共享，同样适应于医院设计。国家建筑方针从“适用、经济、在可能条件下注意美观”十四字方针调整成“适用、经济、绿色、美观”新八字方针，这是社会发展和建设大环境的变化而引起的，因此，在设计中要理解、遵从，把这些理念、方针落到实处，使设计站在更高的层次上。

设计师要“游历天下，品味人生”。对自然环境和人文环境要有深入地观察，了解地理、历史、风土人情；对各地民居、古建筑和都市知名建筑有身在其中的体会和学习；对社会发展特别是科学技术的发展有积极的关注……“我喝过的每一杯酒，品过的每一杯咖啡，吃过的每一餐美食，看过的每一本书，坐过的每一把椅子，谈过的每一次恋爱，去过的每一个地方”，印度导演塔森认为这些都是他拍出品位绝佳影片的源泉，这同样适用于我们设计师。

丰富的情感会使我们对医院设计中的相关因素做出积极、敏锐的反应，对不同的情形存在不同的策略灵活应对，成为一名“狐狸型”设计师。相比较“刺猬型”设计师——以固定不变的方式应对不同的挑战，敏感的“狐狸”更能体察世间万物的复杂微妙，使建筑呈现多元化。

丰富的情感会赋予医疗建筑以血和肉，让人身在其中获得更好的心理感受和心灵慰藉。日本设计大师安藤忠雄小时候家里潮湿阴冷，后来加盖二层，屋顶洞开，阳光和天空给予他的温暖和震撼，成了他终生追求光影的情感源泉，先后做出了住吉长屋、光之教堂等佳作。在我国南方天井院民居中也会有同样的感受。在医院设计中，对阳光的追求尤显重要，如何把阳光引入建筑空间需要设计师的情感驱动。情感会让设计师确定更高的目标，即使建筑门厅朝北，他也会竭尽心思让阳光洒满大厅；情感会让设计师更细腻，即使都设计天井，也会思考阴影变幻以及被框定的天空是否让人们敏感起来；会让设计师更多情，同样是组织医疗流程，会考虑在天井周围形成让人们慢下来、静下来的空间，去体会天井中的阳光、自然和生命；情感会让设计师更温暖，也许设计师喜欢木色，设计的室内空间温暖舒心，即使是灰色墙面也会引入阳光，产生皮革般的质感等。如图 3-5-1 所示，在某项目的设计中，虽然由于客观条件的限制，只能开设北向入口，但对于光线的重视和渴望，仍然驱动着设计师设计出了充满阳光的共享中庭，为项目增添了温暖的色彩。

图 3-5-1

图 3-5-1 充满阳光的共享中庭

丰富的情感和生活阅历，会让设计师心中有爱，以自身的感受甚至高于这些感受去设计。看病时，病人能方便快捷地找到目的科室；候诊较长时，有休闲走动的空间；看病、检查时，有隐私的保护；抽血化验晕针时，有床位可躺；住院时，即使在多床位房间也有自己的专属空间；餐厅即使在地下，也有阳光和风景；住院能活动，有专属屋顶花园，走出电梯厅即可到达的室外花园等。

“情感就是传递能量的载体，或者说，它本身就是能量了。”我们饱含着情感去设计，就会赋予建筑生命，使医院成为一个呵护生命、激发能量的生物场，让每个身在其中的人都得到庇护、安慰和鼓励，修复或保持其自身潜在的积极状态。医院里的人文情感表达如同医学中的人文，缺少情感的医院是冰冷的治疗工场。设计师要想象这样的情形：患了绝症的病人看到阳光下植物发芽、开花、结果，他内心会有什么感受。这种感受在一定程度上能让病人祛邪扶正，促进自愈能力的发挥，从而加强医疗的效果。著名肿瘤专家华益慰临终时都说：真正让自己康复的可能不是药物。

设计师的情感积累需要通过文化修养来提升和扩展。“行千里路，读万卷书”，可以通过多读书，随着别人的文章去游历天下，感悟人生，读得越多，思考得越多，既增加获取情感积累的渠道，又增强以后遇到同类情形下的感知力度。在这个过程中，知道自己赞同什么、反对什么、喜欢什么、厌恶什么，哪些是对的，哪些是错的，哪些是积极的，哪些是消极的，形成丰富而又有内在逻辑的情感素材，在设计中就能厚积薄发，达到意在笔先、趣在法外的境界，从而设计出让人舒适和心动的建筑。

如同“功夫在诗外”，做医院设计，设计理论和方法固然重要，但设计师的基于社会环境、人文环境和自然环境所产生的情感积累和人文之心更重要，这是设计师的内功，内功深厚的人才会成为一个有力量的人！

第六节 生成的结果——五个层次的医院

不同的设计师对医院设计生成的“因缘”探究会有所不同，有人会探究得非常全面，有人探究得相对粗糙。即使面对同样的“因缘”，设计师在设计时对这些因素的权衡、判断、取舍也会存在不同，再加上设计师的价值观和职业态度的不同，设计出来的医院自然会有不同，甚至差距很大。将医院设计质量按层次分类，或许有助于设计师反思自己的设计，发挥优势，弥补不足，提升工作目标，“纵去远，以渐跻”，最终会提升个人设计水平，从而提高医院建设的整体层次。

我们可以将医院设计大致分成五个层次：不良医院设计，合格医院设计，特色医院设计，完美医院设计，另类医院设计。

一、不良医院设计

这类医院主要特征是医疗功能不合理，病人就诊流程、医护人员工作环境较差，甚至院感控制有缺陷，建成后往往导致医院运营效率低、问题多。

这类医院又分成两种。一种是大骨架还有调整的可能，经过专业设计团队的修改、调整，还有挽救的余地，成为功能比较合理的医院。当然，在土建施工之前凑巧有专业团队来做这事是最好的情形，代价小、效果好。另一种是只有重新设计才能挽救的情形。出现这类医院设计，往往是因为设计要求不明确，缺乏相关的知识和经验，没有专业设计团队等因素造成。希望在未来能杜绝这类医院设计。

二、合格医院设计

这类医院主要特征是医疗功能相对合理，但医院深层次质量因素，如人性化、高适应性、智能化等的考量相对较少。这类医院往往是设计水平较高的设计院或者刚入门的专业医院设计团队做的。这类医院功能合理则意味着大的架构组织得当，即使一些问题没有被关注、解决，但以后可以通过运营加以调整，或者可以通过局部改造，提高层次以适应更高的要求。

三、特色医院设计

这类医院在解决好医疗功能的基础上，对医院的其他某一个或几个因素考虑得比较多，做得比较好，成为医院的亮点。这类医院比合格的医院设计更进了一步，探究的设计因缘多，对关联医院设计的各个方面因素回应比较多，设计师在了解和解决医院功能问题后，有能力去研究更多隐性的、深层次的问题，或者有能力把某个显性问题解决得更完美。例如，有的医院病房采用恒温恒湿空气控制系统，室内物理环境比风机盘管式空调舒适很多；有的医院把中心手术室、门诊手术、介入手术、内窥镜、剖腹产集中在一个区域，形成集约化设计，实现资源共享，提高运行效率；有的医院以分裂的受精卵平面形式表达自己“儿童医院”的身份，建筑形象具有鲜明特色等。这类医院都有比较突出的特点，或是某个医疗功能，或是对场所、地域某个因素的回应，或是建筑造型。当然，这些特色必须是在医疗功能合理的前提下才能彰显，否则也应归于不良的医院设计。

四、完美医院设计

这类医院对医疗相关问题，无论是显性的医院运营、功能布局、科室安排、流线组织，还是隐形的人性化、高适应性、智能化都有很系统的思考和完美的解决路径，对其他条件、地域文化都有全面的回应：对医院室外环境谋划得当，为各种入口的布置、微气候的形成提供了条件；在医疗建筑室内空间引入光、风、雨，打造舒适的人性化环境；建筑造型本身舒缓、亲切，给人以宁静、愉悦的感受等。这类医院运营高效，使用者得到全方位人文关怀，并能长久地发挥效用。这类医院越多，才意味着医院建设整体水平越高。它是医院建设方的杰作，虽然设计师在其中起到重要的作用，但医院的管理和它的理念才是最根本性的因素。完美的医院设计，需要医院、设计院、政府各职能部门、施工单位、监理单位等密切合作才能出现。

五、另类医院设计

这类医院极少，主要是因医院建设用地的特殊性而产生。由于用地的情况，导致医疗功能和总体规划、建筑设计难以周全。如医院用地高差极大，每块台地都不足以安排门诊、医技、病房等主要医疗功能，或者医院用地被城市道路或河道分成几块，各功能区块难以完美统筹安排。针对这种情形，在做医院设计时，需要对医院设计的主要因素进行权衡、取舍：是满足医疗功能，而让总体规划、建筑设计有瑕疵；还是满足总体规划、建筑设计，让医疗功能存在不如意的地方。这就需要设计师仔细研究、反复推敲，做出合理的抉择。取舍的标准是：得能偿失。允许不足的存在，保证整体设计获得更多的优势，并且这种优势能让人们包容所付出的代价甚至忽略这种不足。这类医院主要特征是有明显的不足，并且是难以克服甚至不能克服的，肯定会带来其他的缺憾，但从整体上看，医院是得到人们肯定、在城市环境中扮演重要角色的建筑。

前四类医院案例很多，第五类“另类医院设计”在现实中几乎难以找到，但是我们仍然为它单独列出一个类别，是想强化这样一个观点：在医院自在生成过程中，对关联医院设计的内在因素和外部条件进行分析、研究做出反应时，需要全面地权衡、取舍，这个过程既是条理的又不是公式化的，它是设计师的专业水平、情感阅历、职业担当、价值观念的综合体现，也是“无法而法，乃为至法”的一个设计境界。

我们曾经做的一个医院投标设计方案，试图朝着这个方向努力，现作为案例分享，希望引起大家对这类医院的关注和研究。该工程是浙江绍兴市人民医院镜湖总院。医院所在街区东侧是城市主干路，另外三面是城市次干路，一条“Y”字型河道将街区分为三块，南边是狭长的临江城市绿化带，西北 A 地块 113 亩、东北 B 地块 70 亩是医院建设用地。规划定点条件中 A 地块西面、B 地块东面可以设医院出入口，另外 B 地块北侧有地铁出入口。医院总床位 1500 张床，地上 16 万平方米，地下 10 万平方米，2600 个机动车停车位。经过测算，紧临主干道和地铁站的 B 地块面积不能同时满足门诊、急诊、医技和所有的病房楼，A 地块则可以满足，但是 A 地块与城市交通的紧密度不如 B 地块。若将门诊医技和病房楼分开布置，河道则在一定程度上弱化了两者之间的联系，即使分开布置，是将门诊医技放在 B 地块，还是病房楼放在 B 地块？最后入围五家设计方案涵盖了几种布局的可能性，其中三家是将门诊医技和病房楼全部放在 A 地块，B 地块安置科研、行政办公、体检中心和宿舍；另外两家是将门诊医技和病房楼分开布置的。我方是将急诊、门诊、医技放在 B 地块，病房楼和其他功能安排在 A 地块，另外一家正好相反，把病房楼安排在 B 地块。显然，鱼和熊掌不可兼得，各家做出了自己的抉择。在这个过程中，设计师是极度不自在和纠结的，因为他知道自己的判断、选择是有瑕疵的，不会让所有人满意。但是，取舍之下，同样存在一个生成目标的问题：它是否能覆盖更多的目标，这些目标都是设计师根据项目因缘自设的。

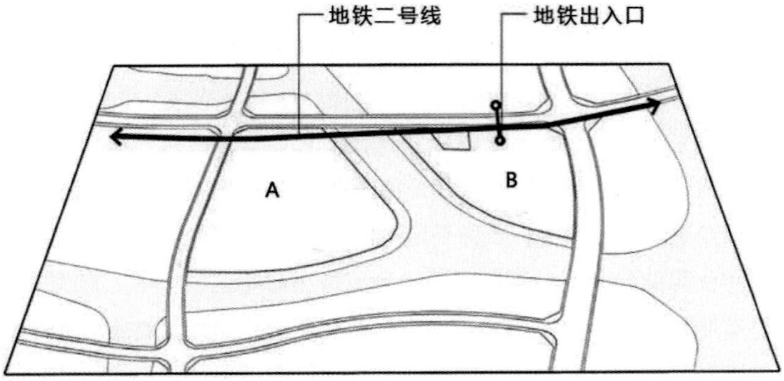

图 3-6-1

图 3-6-1 镜湖总院地块与地铁间关系

第一，地铁站与门诊、病房的交通关联度。一般医院诊床比是 3:1，这个医院总床位 1500 张床，门诊量约为每天 4500 人次；按每人平均住院 7 天计算，每天出入院约 400 人。门诊病人会有陪护亲友，病房会有探视人员，出入院人员乘坐地铁的概率会比门诊病人小，综合计算，门诊楼与地铁站关联度要强于病房楼。另外，是让门诊病人出地铁站行走 400 米，跨过河道到达门诊，还是让探视人员出地铁站跨过河道到达病房楼好？显然，门诊、急诊、医技放在 B 地块更合适。同时，人们到医院肯定首先是去门诊，门诊楼临近主干道，处于城市显眼位置，更有利于病人找寻门诊和急诊。

第二，门诊医技、病房分开布置显然存在不利因素，那么是否能弱化它甚至变不利为特色呢？我们为 A 地块病房楼设置了三层裙房：首层朝西设出入院大厅，东半部分设置肿瘤多学科诊疗中心和专家工作站，朝南单独设出入口，首层还设置一个小型医技中心，含放射、特检和检验，为病房和诊疗中心服务；病房楼下面几层除了西面正常的垂直交通外，在东面还设有专用电梯，与诊疗中心和专家工作站连通；二层设中心手术室（22 台手术室）和ICU、病理科、输血科；三层设净化机房和中心供应室、产房。在 B 地块急诊部分二层，设计 6 台手术室，三层设急诊观察，四层设日间病房，五至八层设与创伤有关的病房科室。此方案实际上是扩大了急诊的手术室，为急诊和上面的日间病房、外科病房服务。节假日期间关闭中心手术室，只开放急诊的手术室。这种手术室模式在山东东营市人民医院已有成功案例。通过以上统筹协调，事实上在 A 地块实现了大病房小门诊，在 B 地块实现了大门诊小病房，以诊疗中心的模式尽量弱化门诊、病房隔江布置产生的不便交通连接问题。

①科研办公生活区
②内科住院楼
③外科住院楼
④国际高端体检中心
⑤病房专属医技区
⑥门诊专属医技区
⑦门诊中心
⑧急救医学中心

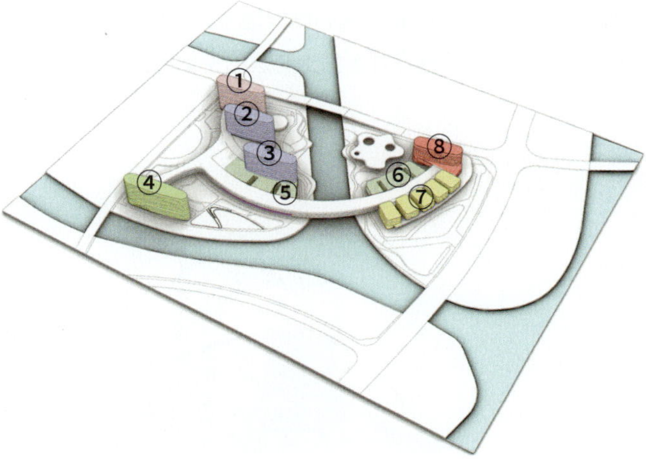

图 3-6-2

图 3-6-3

图 3-6-2　镜湖总院方案功能布局
图 3-6-3　其他设计院的外部连接桥梁

第三，我们将门诊、病房楼隔江而布，跨江联系的强度比将医疗区全放在 A 地块的方案更大，因而对这个联系的形式和作用进行了更多的思考。使门诊医技楼、弧形医疗街向西延伸，与病房楼弧形裙房形成一个整体，跨江部分二层高、24 米宽，将门诊医技的二、三层与病房楼的二、三层联系起来，电瓶车可以穿梭其中。这样，跨江部分不是一座单纯的桥，而是东西院区一个强有力的联系体。联系体内除了交通空间，结合共享空间增加了休闲功能。空间南侧是一览无余的水面和城市绿化，会吸引穿行的人静下来、坐下来，既弱化了距离感，又让人心生愉悦。除了交通和休闲空间，我们还设置祈祷室，为祈祷的人提供密闭的空间，开阔、优美的景色，消减负面情绪。这个连廊空间将被打造成全院最让人心动的地方，它更像挂着药房的牌子，但是其中没有药品，药品是漂浮在水面上有趣的空间和外面满眼的风景！

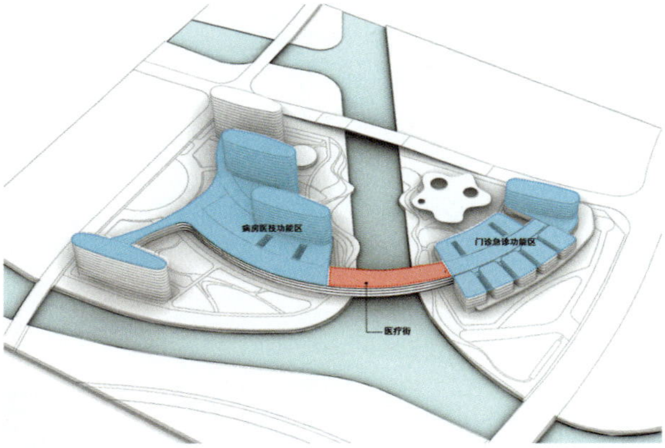

a

b

图 3-6-4

图 3-6-5

图 3-6-4 医疗街内部空间效果图
图 3-6-5　医疗街外部效果图

第四，A、B 地块机动车交通联系问题。其他设计院的方案都是西广场和东广场，两广场没有任何联系，机动车在地下二层隔江相连。我们则是将 B 地块门诊广场安排在东南，探视广场在 A 地块西部，广场往东到南侧江边是大片绿地，贴着裙房则是探视广场通往肿瘤多学科中心和专家工作站的院区道路。东西两广场位于弧形医疗街南侧，在视线上也有一定的联系，又沿着弧形医疗街在地下设双向两车道的地下联系通道，分别开口于东、西广场，联系通道北侧则分别是 A、B 地块地下室。这样的安排实际上是将东、西广场联系起来了。曾自驾就医的人员，再次来院时，完全可以便捷地经过门诊广场 - 地下车道 - 江底，直达病房楼地库。同理，开车从 A 地块探视广场也能很顺畅地到达门诊地下车库。另外，这条地下通道除了江底部分不采光，其余部分都可以通过顶层采光，良好的自然光照也加强了这条通道的指向性和连接功能（见图 3-6-6）。

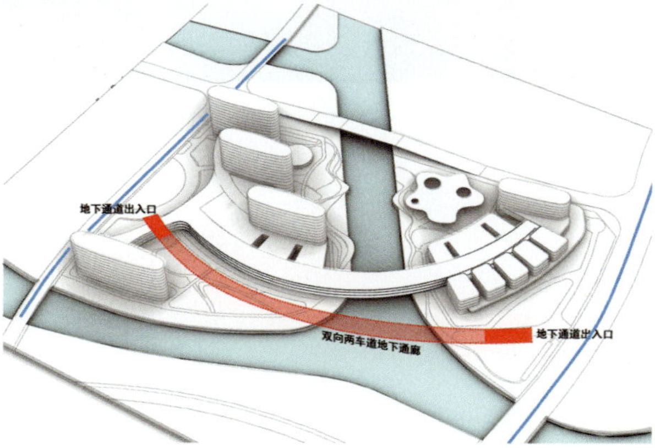

图 3-6-6

图 3-6-6　两地块间通过地下通道直接联系

第五，从城市角度看，把东西地块上的建筑作为一个整体考虑，更容易形成一个变化丰富、平展舒缓而气势恢宏的地标建筑，关键是正前方的河面和城市绿化带为它提供了极佳的亮相空间。这个地方需要一座这样的建筑！若是别的用地，这么长的建筑延展面会因为建筑前面没有足够的空间而不能完整展现，从而失去存在的逻辑基础。

从上述五个方面的分析可以看出，做这个设计方案时，我们知道对设计条件没有办法全部做出合理的应对，在纠结的设计中，从城市规划、街区地标、对外交通、院区景观等更大、更多的目标追寻过程里做出抉择，以一个瑕疵换取更多的优势，做到“得能偿失”，从而“胜在全局”，实现在更大范围内的自在生成。事实上，我们的方案并不是最后实施方案，希望这个有人非常喜欢、有人非常纠结、有人不予赞成的方案能引起大家对这类医院的研究。这样的建设条件可遇不可求，做好了，一定是能在行业中留下痕迹的作品。

图 3-6-7

图 3-6-7 院区鸟瞰

以上五类层次的医院设计，主要是设计师在分析医院设计条件并在设计中做出反应的医院生成过程的质量体现。首先要分析这些因素,哪些是主要的，哪些是次要的，哪些是“因”，哪些是“缘”，解决掉最主要因素才能是一个合格的设计。解决掉主要因素，对次要因素应对得越多，设计质量越高，层次越高。其次要对各类因素要综合考虑、权衡应对，设计胜在全局，不能不顾全局而片面应对某种个别因素。最后要饱含情感地去设计，情感会影响我们对隐形设计条件的判断和取舍,会赋予建筑“灵与肉”,彰显建筑气质和内涵。

努力做好自己的工程的同时，还要对其他同行的工程进行学习、批判、鉴赏：做得好的方面自己要多学习，争取做得更好；做得不好的方面，要多注意，克服这些不足。将所见工程分类的过程，实际上也是反思、学习、提高的过程，分类的目的是发挥优势、弥补不足、自我提高、持续完善。

第四章　医院里的“自在”

谈到医院，人们自然而然会联想到虚弱的身体，难忍的病痛，脸色苍白的病人和行色匆匆的医护人员，如果再回忆起曾经惨痛的就诊经历或是确诊前忐忑不安的心情，那真是胆战心惊，情绪瞬间降至冰点。因此，医院成为人们心底不愿触碰的存在。这种现象与设计者对使用者心理抚慰作用的支撑不足有关。只有使用者需求被满足，时刻感受到被关注与爱护，才能实现温暖自在的就诊氛围。

为了论述方便，这里将医院分成外部空间、建筑实体、内部空间三个组成部分，分别论述。

一、外部空间

主要指沟通医院与城市联系，作为城市景观组成部分，为患者和医护人员提供室外活动场所，满足院区内各建筑交通联系需求，处于用地红线与建筑实体之间的外部空间区域。从土地归属权上来说，归医院所有；从空间属性上来说，属于院区的外部空间。

二、建筑实体

老子的《道德经》中说“埏埴以为器，当其无，有器之用。凿户牖以为室，当其无，有室之用。故有之以为利，无之以为用”。这是中国古代圣贤有关实体与空间的经典论断，意思是：和泥制作陶器，有了器具中空的地方，才有器皿的作用。开凿门窗建造房屋，有了门窗四壁内的空虚部分，才有房屋的作用。这里的“有”可以理解为具有、拥有的意思，也可以理解为客观的物质实在。建筑实体就像陶器的外壳，正是由客观的物质存在的，门窗、墙壁、屋顶等建筑构件组合而成的。

三、内部空间

与建筑实体相对，内部空间就像陶器中由外壳围合而成，却没有物质实在的“虚无”空间。空间中客观实体的无，是为功能实现的用。在医院中，内外之分，以建筑实体为界线：实体之内主要为功能，实体之外主要为景观。

医院作为一个整体，只有构成医院空间环境的所有要素被合理地安排和组织，只有患者和工作人员所有的需求被满足，只有人的要素和价值得到充分的关怀和重视，才能实现“自在”医院和医院里的“自在”。

第一节 舒适宜人的外部空间

随着人们环境意识的提高和建筑理论的发展，特别是优美环境患者对康复的促进作用被逐渐认知，在医疗建筑规划设计和建设施工方面，无论是医院领导，还是普通医护人员，对舒适宜人外部空间环境的打造越发重视。

一、我国医院外部空间发展历程

受认知程度的制约，我国对优美医院外部空间环境康复支持性作用的认知有一个逐步深入的过程，依对其重视程度的不同大致可以分为以下三个阶段。

第一阶段，忽视阶段。受当时经济发展水平的制约，医院建设主要是为了满足人们最基本的看病、就诊需求，功能当先，对外部空间环境的处理基本处于“放养”状态。加建、改建见缝插针，没有统一的规划，外部空间基本是建设施工完成、交通联系建立后的“留白”。这一阶段基本处于新中国成立后至改革开放前期，也是我国经济发展缓慢，城市化进程基本停滞的阶段。

第二阶段，萌芽阶段。20 世纪 80 年代伴随着改革开放的深入开展，尤其是市场经济刺激下国民经济的腾飞，人们对医疗环境的要求越来越高，医院建设水平和档次也相应提高，院区外部空间环境设计开始受到重视。这一阶段主要的关注点还停留在建筑外在形象及内部装修效果，对外部空间环境的认识还停留在绿化配置的阶段。

第三阶段，重视阶段。进入 21 世纪，人们环境意识的提高和对绿色生态环境的向往在医疗建筑设计中也充分体现，特别是舒适宜人景观环境对患者康复的促进作用得到证实后，良好外部空间环境的打造越发受到人们重视。

以上发展阶段的划分，虽有大致对应的时间节点，但由于各个地区发展水平和政策实施情况的不同，其医院外部空间发展历程并不是绝对一致的。

二、医院外部空间的构成

医院外部空间环境作为城市景观的组成部分，具有向人们提供舒适诊疗环境、愉悦使用者心情、减轻使用者压力的作用，同时也是医院内部人员专属的户外活动场所。依各景观要素的性质及在外部空间中所起的作用不同，分成以下几个构成部分。

1 景观环境

景观环境是医院外部空间最主要的构成部分，也是提升外部空间品质，引起使用者探索欲望，实现舒适宜人外部空间体验的决定因素。景观环境的优劣将直接影响外部空间中其他构成要素功能效用的发挥。

（1）景观绿化。

绿色是生命的颜色，提到绿色人们总是会不由自主地联想到茂密的森林或碧草连天的草原。植物以其丰富的色彩、形态、种类以及随季节、光影而展现的不同面貌成为外部空间中最具观赏性的元素。绿化植物作为生命力的象征，合理搭配后带来的不仅是视觉美感享受，更能引起人们生理、心理的相关反应：绿草如茵的草坪能舒缓患者情绪，平静心神；争奇斗艳的花卉，芳香扑鼻，能愉悦患者心情，活跃气氛;粗壮有力的枝干是强大生命力的象征，能增强患者战胜病痛的信心。

绿色植物还具有改善微气候，净化空气，组织交通，限定空间的作用。植物的芽、叶和花粉分泌的杀菌素，有抑制细菌、真菌生长和原生动物繁殖的能力。利用绿化带的设置来隔离人车流线，限定人车路径；利用植物不同形态围合或开敞或封闭的交流空间；等等。

（2）景观水体。

水是生命之源，水占人体重量的 70%。水是外部空间景观元素中具有灵性的存在，优美的水景对患者的康复具有重要的心理和情感辅助作用。比热容较大的物体特性，使得水体成为夏日理想的降温媒介。水体与空气摩擦会产生很多细小的、对人体有益的、被称为“空气维生素和营养素”的空气负离子。水景一般是根据场地现实条件，对已存留的水面改造或利用收冷凝水和雨水回收系统将净水集中到场地低洼处形成池塘、湖泊，常与架空景观栈道、亲水平台相互配合形成近水空间。如图 4-1-1 所示的青岛西海岸医疗中心，将场地原有水塘改造为亲水景观。

图 4-1-1

图 4-1-1 青岛西海岸医疗中心亲水景观

2 场地道路

场地道路在外部空间中承担着人流集散、交通联系、散步休闲、容纳活动的任务，是主要的联系空间和节点空间。道路根据主要服务对象的不同可以分为车行道和园路。车行道的设置主要为了实现交通联系和满足消防扑救的需求，主要关注联系便捷和回转方便，并注意与地下车库出入口的配合。园路则主要是为休闲散步服务，通常与景观环境结合布置，让患者可以边走边看。园路的设置除应做好与景观的配合，便于到达外，对路面的宽度和材质也应特别关注。园路的使用人群中有行动不便需借助轮椅推行的患者，也有需携带医疗设备出行的患者，其路面应平坦、防滑、适于行走。路面的宽度以三股人流 1.5~2.0 米为宜，羊肠小道，曲径通幽，尺度宜人。

场地通常作为节点空间存在于外部环境中，有人员集散的主入口广场和探视广场；也有为满足人们社交需求的景观广场。入口广场、探视广场主要是沟通医院与城市之间的联系，主要承担交通功能，表现出一定的外向型特点。景观广场其主要服务对象还是医院内部的使用人员，为他们提供社会交往、活动举办的场所，主要是内向型的。

3 附属设施

医院外部空间作为患者主要的散步休闲场所，要想给使用者带来舒适宜人的空间体验，除去景观环境、场地道路的合理组织与安排外，其功能的实现也少不了附属设施的配合与点缀。

外部空间附属设施多种多样，所承担的功能也各不相同：有与道路配合，设于绿地或场地上，为使用者提供指路信息的导向标识；有满足夜间照明需要，与外部空间相互配合，展示医院夜间形象的照明灯源；有供人们散步后，休息停留的长凳和座椅；有展现医院艺术品位，体现当地历史文脉的景观雕塑；有供患者进行适度体育锻炼，帮助患者康复的健身设施。这些散落于外部空间四周的附属设施，虽然处于功能上的从属地位，但对以上两种构成元素的支持作用必不可少。如图 4-1-2 所示，澳大利亚悉尼北部海滩医院将建筑、绿化景观、休闲设施结合布置。

图 4-1-2 澳大利亚悉尼北部海滩医院

图 4-1-2

图 4-1-2 澳大利亚悉尼北部海滩医院

三、外部空间设计存在的问题及应对策略

医院外部空间作为使用者进入院区的第一站，关乎患者就诊体验评价的第一印象，其最主要的功能是沟通城市与建筑的最后一段距离，使患者安全、方便、快捷地到达建筑内部，及时、迅速地进行诊疗活动。由于对外部空间设计的认识不足，造成医院与城市肌理割裂，沟通不畅，往往存在以下现象：

1 广场尺度失宜，割裂了建筑与城市的联系——小且近人的入口广场

在城市规划中邻里单位是一个被普遍认可的尺度单元，其标准就是以舒适步行距离 400 米为参考建立的。如果从患者的整个就诊流程统筹考虑，去除往返距离和在科室之间的穿梭距离，留给广场的距离还有多少？广场的尺度在满足基本的人员疏散、上客落客、车辆回转等交通联系功能后，尺度越小越好。

小尺度拉近的是医院与城市的距离，这对拖着病体步行来院的患者来说更显重要。医院作为效率优先、治病救人的医疗场所，无须以距离美来展现威严和礼仪。入口广场也不是医院景观展示的最佳选择，消除病痛才是患者进入院区后第一位的心理诉求。小而畅、近且便才是入口广场的“最优解”。

2 流线混杂，交通拥堵——人车分离，落客方便

谈到去医院看病，特别是去综合性的大医院，相信每个人都有惨痛的经历：看病五分钟，进门半小时。医院“门难进”问题的产生，除受周边城市交通现状的影响，医院外部空间与城市的接驳，尤其是主入口广场流线疏导功能的不完善，也是造成拥堵的主要原因。

医院出入管理也是造成交通混乱的重要原因。有些医院不知是出于严格管理的要求，还是本着寸土必争的原则，将车行门禁系统紧邻用地红线设置，车行流线从城市干道转弯后直接面对闸门，院区与城市之间不留任何缓冲余地。车辆从主干道的正常行驶速度，马上降到时速为零，这样的医院大门前不堵才怪。

在医院外部空间流线中，抛开办公人员和物资进出流线暂且不谈，单单考虑主入口广场上患者的就诊流线就已经相当复杂了。依患者采用的交通方式不同，大致可以分为：城市公共交通、步行、车行三大类。城市公共交通又可分为公交车、出租车和轨道交通。在不同交通方式的基础上，如果再复合上患者不同的行为选择，可想而知形成了一幅热闹而熙攘的景象。如何抽丝剥茧，理顺不同交通方式之间的路径关系，做到互不影响、人车分流、落客方便、安全高效才是主入口广场交通流线设计成功的关键。

浅湾式停车落客加分类单向渠化设计，配合以地下车库出入口的设置也许是优化主入口广场交通拥堵问题的一个解决方案（见图 4-1-3）。浅湾式停车，将车行流线引入院区内部，拉近了步行人员与建筑的距离，建立了城市交通

与院区之间的过渡，避免了对正常行驶车辆的影响。公交车、出租车基本是落客即走，私家车可能有直接进入地下车库落客的需求。根据车辆性质、落客方式的不同，分设公交车、出租车、私家车道，避免不同车辆性质之间的交叉。所有车道均采用单向渠化的环路设计，满足车行效率的同时，保证了落客区的长度。贴临建筑主入口附近的广场设置步行安全区，满足人车分流的要求。

在医院外部空间实现人、车的绝对分流，完全隔离人车之间的联系，不方便也不现实，最重要的是处理好车行区、落客区、人行区三者的关系，在满足车行顺畅高效的同时，保证人行安全，才能构建医院与城市交通的完美搭接，也是实现患者舒心就诊体验的第一步。

图 4-1-3

图 4-1-3 韩国首尔大学盆塘医院
浅湾式停车 + 单向渠化的流线设计

3 车位不足，停车混乱——合理规划车库出入口，立体化交通、停车

车位不足已经成为医院建设的一个普遍问题。巧妇难为无米之炊，车辆停不下的结果，必然是乱停乱放，挤占地面景观空间。地面汽车“森林”对患者就诊体验的影响不言而喻。除去必要的临时停车和救护车专用停车位外，还是应将宝贵的地面空间留给使用者和绿化空间。

停车位配置的不足，一方面是由于医院相关建设规范中对车位配置标准的相对滞后；另一方面是由于人们出行方式的改变。城市公共交通与医院衔接的便捷程度也是影响患者出行方式选择的重要因素，使用公共交通多了，对车位的需求少了，自然也能一定程度上解决停车位不足的问题，毕竟需求决定数量。

车位数量的充裕是解决问题的根本。如果综合考虑使用者的体验与停车效率，那么地下车库出入口与车行动线的配合以及地下车库落客区与医院内部空间的衔接就显得尤为关键了。

立体化的交通动线，配合以平层出入的地下车库出入口设置，不仅能做到功能流线分层分流，还能提高停车效率，改善停车体验。在医院入口处，结合地下车库出入口的设置，将城市车流直接导入地下空间，从源头就开始的人车分流也是不错的选择。无论哪一种方式，地下停车空间的落客，与地面功能空间的垂直联系，停车空间内部的导向标识和通风、采光品质都是影响使用者停车体验的重要因素。

4 外部空间社会交往支持性不足——优化景观环境与附属设施的配合

医院外部空间作为一个整体，各构成元素是相互配合，相互影响的，对所有构成元素的综合感知形成了使用者完整的外部空间体验。在芦原义信的《街道的美学》中，“阴角”空间由于较强的围合性，能给人带来温暖的拥抱感，被认为是理想的容纳人们活动的场所。在外部空间环境中可以通过园路、道路旁凹入空间的设置，配合低矮灌木的围合和景观座椅的布置形成半开敞的交往空间。

场地的围合性、可达性、景观优美程度是影响使用者自发社交活动的主要因素。凹入的设置，既能满足道路人流通行的功能需要，又能形成相对私密的交流空间，避免行人的打扰；路旁设置，方便可达，如果配合以优美的绿化景观配置，那真是使用者理想的活动场所。这种方式同样适用于广场与绿化交界部分交往空间的设置（见图 4-1-4）。

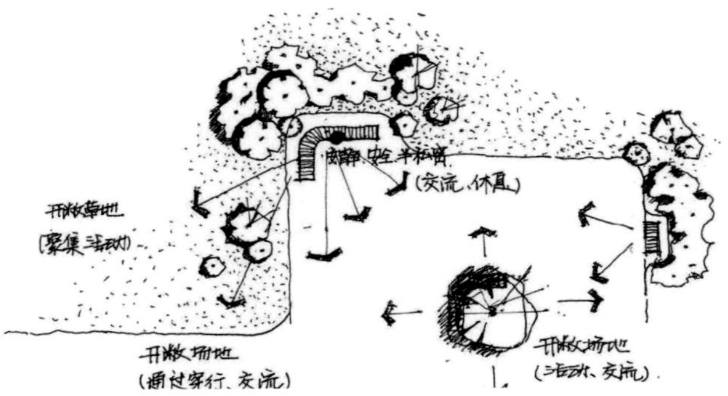

图 4-1-4

图 4-1-4 有利于社会交往的“阴角”空间

以上从外部空间的构成要素、存在问题和应对策略三个方面对医院空间进行论述，在此引用亚历山大在《建筑模式语言》中的一段话来强调绿化植物在外部空间中的重要作用——虽然我们认为我们是无与伦比的，可是，从遗传学上说，我们多半与其他哺乳动物一样，偏爱天然的栖息地：那里风景如画，苍松翠柏，绿草如茵，空气新鲜，沁人心脾。为了使我们自己得到轻松的休息并感到身心健康，一般来说，就是让我们的躯体，以在多少万年的进化过程中所养成的方式对外界做出各种反应。我们面对着大自然的美丽和多样性，它的千姿百态和绚丽色彩（尤其是绿色），对其他动物的优美动作和悦耳动听的声音，比如鸟儿的飞翔跳跃和清脆的啼鸣，都会做出特殊的生理反应，虽然至今我们还未透彻理解其中的奥妙。但是，很显然，大自然在我们的日常生活中应当被认为是生物学上需要的一部分。

第二节 赏心悦意的建筑实体

建筑作为由实体的门、窗、墙体等构件组合而成的物质实在，由于其独特的艺术性，经常被拿来与其他艺术形式类比。建筑构件依一定的方式排列组合形成类似于音乐的节奏感和韵律性，所以建筑有“凝固的音乐”之称；建筑受物质实体、结构力学、建筑材料、施工工艺、功能实现等各种因素的制约，不能像其他艺术形式那样可以肆意地表达和宣泄，所以被称为“带着镣铐的舞蹈”。所有这一切，都源于建筑与其他艺术形式一样，通过独特的语言和形式，能够传递艺术美感，带来艺术享受。

一、我国医疗建筑实体的发展历程

建筑实体在很多时候与建筑立面是相通的，都关乎建筑视觉形象的表达，前者更强调建筑构成的物质性，后者的关注点则主要在艺术性上。由此可见，建筑实体的发展既受建筑材料、建筑技术、经济发展水平的制约，又受当时审美倾向的影响。在医疗建筑中，优美的建筑形式能引起使用者心理上的愉悦或满足，进而对患者就诊体验和康复速度产生影响。这里将对医疗建筑形象影响较大的审美情趣作为考察对象，依不同阶段审美倾向的不同划分为以下四个阶段。

第一阶段，以功能实用为美。新中国成立初期，受经济发展水平的制约，医疗建筑无论是建设规模，还是覆盖范围都远远达不到人们实际的医疗需求。这时人们建造建筑物的根本出发点是出于实用目的，功能实用性也被视为评价建筑物的一项根本性标准。正如依沙克 • 维尔（Isaac Ware）所说 :“建筑的艺术性再重要也不如其实用性重要，对其雄伟的赞美再多也不能超过对其舒适性的赞美。”

第二阶段，以美学法则适用为美。经济发展，社会进步，人们的审美情趣也随之发展，这反映在医疗建筑上就是对美学法则的关注。经济、适用、美观成为这一阶段衡量建筑优劣的标准，比例与尺度，均衡与稳定，节奏与韵律等美学范畴的基本要素格外受到重视。

第三阶段，以技术领先为美。技术的发展，科技的进步，鼓舞了人们改造外部世界的雄心，建筑审美也从传统的美学法则中挣脱出来，把着眼点集中在结构、材料和设备上，注重科学的理性美。新型的建筑材料，高精尖的医疗设备，彰显技术实力的同时，更是承担了审美需求的重任。

第四阶段，以造型独特为美。在当代，大众审美意识的觉醒使得艺术走下神坛，成为大众可以消费和决定的对象。对于美的定义也越趋多元。科技的进步作为多元化趋势的技术支撑，使得建筑立面在完成基本外围功能的同时，摆脱了平面、结构、重力的束缚，变得更加轻薄自由、灵活多样。

二、赏心悦意建筑实体的构成法则

芬兰现代建筑大师阿尔瓦•阿尔托曾经说过:建筑本身就是一种医疗手段。建筑实体作为使用者客观的审美对象，要想通过建筑形体的组合逻辑将建筑美感内化为使用者赏心悦意的情感体验，实现建筑自身的疗愈功能，需要遵循一定的构成法则。图 4-2-1 的帕米欧疗养院是阿尔瓦 • 阿尔托的代表作。

图 4-2-1

图 4-2-1 帕米欧疗养院

1 功能外化的形式美

医疗建筑由于其服务对象的特殊生理需求——消除病痛、恢复健康，相较于其他公共建筑，对功能价值实现的愿望更加迫切。功能作为建筑的理性因子和逻辑线索，是建筑空间组合的依据，是建筑性格展现的内在控制因素。形式追随功能，功能外化为形式。人们根据过往经验，通过对建筑外在形象的感知就能大致判断建筑的功能属性，正是形式与功能两者辩证关系的最好证明。如果使用者仅通过建筑外在形象所展现出的建筑性格表情就能确定建筑的医院属性，这种明确的信息传递，无疑能缓解患者紧张、焦虑的情绪，从而带来安全、稳定的归属感。

建筑形象除反映内在功能外，还应遵循基本的美学规律，比例与尺度，节奏与韵律，对比与微差等。建筑实体是具有一定形状、大小、色彩和质感的构件的集合，它们依据一定的美学法则排列组合，搭接过渡，形成丰富的进退关系和光影效果，带给人们形式美的视觉享受。

在建筑的发展中，功能与形式的关系长期处于矛盾对立的两面，功能美破坏形式美，形式美拒绝功能美。然而，优秀的医疗建筑一定是功能实用与形式优雅的调和统一，功能实用由于形式优雅而提高其超拔的精神意义，形式优雅因为功能实用而具有日常品格；功能实用由于形式优雅而获得了高贵的艺术气质，形式优雅因为功能实用而增添了现实的使用意思。医疗建筑既要有功能便利的实用之美，又要有遵循美学法则的形式之美，应遵循功能外化的形式美的设计原则。

2 实体组合的艺术性

对于抽象的建筑实体，为了说明形式美与艺术性之间的关系，我们用文学艺术做类比就容易理解多了：形式美就像语言文学中的句法，文字依其排列才能通顺；艺术性就好比通过连贯的文字描述，形成文学意境，产生艺术感染力，引起读者愉悦的心理感受。形式美作为建筑艺术的物质表层，处于一种粗浅的层次，更为有意义的是形式后面积淀的情感走向。形式美强调的是冰冷、抽象的组合规律；艺术性则更关注建筑形象引发的人的情感要素。

人们通常所说的感受“建筑之美”，正是对建筑艺术认可后引起的心理上的愉悦或满足。换言之，“美的建筑”就是使用者对建筑形象的某种价值判断，只要产生了肯定的判断，美就随之而来了，对于使用者来说，同时获得了一种愉悦的心理感受。实体组合的艺术性，不单单等同于建筑形式的好看，而是伴有复杂的人文和社会价值的因素在内。将建筑之美片面地理解为形式上的优雅与好看，只是抽取了“美”的概念的局部放大为整体，从而缩小了“美”的概念的范畴。

在现实生活中，形象对信息传递的作用比我们想象的还要巨大。据研究显示，在人与人之间的交流中，55% 的信息是通过非语言的体态来传达的，单纯的语言只占 7%，声调则占 38%。同样地，形象总是被认为存在着某种与情感相联系的倾向：看到柳树，我们会想起婀娜多姿的妙龄少女；看到牡丹，我们会想起雍容华贵的成熟少妇；天鹅的形象如绅士般优雅与高贵；熊猫则会让人想起憨态可掬、笨拙可爱的孩童。建筑实体除了实用功能外，更能够通过自身艺术化的形象给我们提供精神上的慰藉和某种情绪的传递。正如德波顿在《幸福的建筑》中所说：“本质上讲，设计以及建筑作品对我们诉说的正是那种最合适在它们中间或者围绕它们展开的生活方式。它们告诉我们，它们试图在其居住者身上鼓励并维持的情绪，它们在机械意义上为我们遮风挡雨的同时，还发出一种希望我们成为特定的某种人的邀请。”

医疗建筑通过自身艺术化的形象传递给使用者愉悦的心理情绪，这对承受病痛的患者和工作压力巨大的医护人员来说意义重大。医院设计应遵循艺术化的原则。

3 价值传递的明确性

建筑艺术美感的传递虽说源于外部的建筑形象，但建筑本身只能对使用者提供一种暗示或者建议，而没有权利要求使用者必须按照这种思路去解读，建筑艺术感染力的获得完全取决于使用者。建筑艺术价值的实现，是建筑表达内容与使用者心理诉求的相互契合。

实体组合形式意义的获得，对于使用者而言是有一定的条件限制和一定的适用场景的。如果使用者本身含有与所要欣赏的建筑美或意义相同的心境或者情绪走向，建筑艺术价值或者建筑的意义就会犹如闪电般照亮使用者的心灵世界，使得使用者产生一种强烈的情绪波动，这种波动就是对建筑艺术中表现出来情感的共鸣或者说认同（建筑的美与形式的表情——评阿兰•德波顿的《幸福的建筑》）。建筑所要传达的，正是使用者所要的，明确的价值认同才是引起使用者心情愉悦的根本原因，这种价值认同不是来自使用者的外部，而是早就存在于使用者的脑海中。这与人类的认识机制一样，人们识别的对象信息，其实是早就放入脑海中的东西而已。对于事先没有学习的知识，人类是无法识别的，更谈不上理解。正如文字学习，我们所认识的汉字都是原来遇到并了解过的，事先没有学习过的生僻字，我们就不认识。

在医疗建筑中很少见到形体夸张，形式抽象的建筑形式，一方面可能出于功能布置的考虑，另一方面这种形式所传递的紧张、冲突的空间情绪也不适合医院场景。医疗建筑应是具有抚慰患者心灵，舒缓患者情绪的艺术品质，其传递给使用者的应是平和、安定、温暖、亲切的建筑情绪与表情。如图 4-2-2 所示，柏林犹太人博物馆是浓缩着生命痛苦和烦恼的稀世作品，反复连续的锐角曲折、幅宽被强制压缩的长方体建筑，像具有生命一样带着痛苦表情、蕴藏着不满和反抗的危机，令人不快。

图 4-2-2

图 4-2-2 柏林犹太人博物馆

三、建筑实体视觉肌理化的发展趋势

建筑作为社会功能需求的产物，不可避免地被打上时代的烙印，建筑形式在一定程度上也是当时人们生活方式、精神状态的展现，所以建筑有“凝固的历史”之称。建筑立面作为时代发展的“风向标”，在经历了古典主义、现代主义、后现代主义等各个历史阶段后，迅速捕捉当代信息传递图像化的需求，表现出一种视觉肌理化的设计趋势。

在以往的建筑中，立面设计基本是以门、窗、柱等具体的建筑构件作为基本单位来进行组合与划分的，主要关注的是形式美的法则，形体组合与体块划分相对复杂。肌理化的设计方法，则摆脱了平面功能的束缚，立面设计变得更加自由，对建筑形象以及由此带来的美好情感体验更加重视，形体组合一般相对简单，立面设计表现出一定的平面化的趋势。这种趋势的产生一是源于社会发展的时代需求，二是源于科技发展的技术支撑。

经济日益繁荣，物质日趋丰富，大众文化与审美意识迅速崛起，加之移动互联时代媒体技术带来的信息获取方式的便捷，与以往信息匮乏的状态不同，当今社会反而呈现出信息过剩的现象，这也直接导致了信息传递中“读图时代”的到来。快节奏的社会生活，信息资源的极度泛滥，大众关注的既不是建筑空间的组合，也不是先进的建筑设计理念，而是更倾向于通过直观视觉化的建筑图像来迅速捕捉转瞬即逝的有用信息。在这个无时无刻不充斥着效率的信息时代，要想以最快的方式从信息的海洋中打捞起有价值的资源，“图像”无疑是最好的选择，因为人类 80% 以上的外界信息是通过视觉获得的。肌理化的立面处理方式以其更接近图像化的视觉特征，与其他类型的建筑形象相比，拥有更快捷的信息传递效率，一经使用，迅速得到大众的认可，成为立面设计的发展趋势（见图 4-2-3）。

图 4-2-3

图 4-2-3 南京鼓楼医院

立面视觉肌理化趋势的形成，除去社会需求的内部动因外，也少不了科技发展提供的外部支撑。技术的进步使得建筑形式摆脱了建筑构件、结构重力、功能组织的束缚，实现了内容与形式的脱离。建筑立面在完成基本的维护功能之后，更像是附着在结构外部的表皮，而独立于功能平面之外。建筑肌理正是通过附着在表皮上的单位构件的排列组合来实现视觉化的图像特征。在这里肌理不仅仅是建筑立面的构成方式，同时也是建筑信息传递的媒介（见图 4-2-4）。

图 4-2-4

图 4-2-4 辽宁大连成大医院

第三节 生机盎然的内部空间

医疗建筑作为公共建筑的一个特殊门类，其内部空间既有其他公共建筑的普遍性，又有其特殊的一面。从根本上说，建筑内部空间的营建是以社会提出的功能要求为依据进行的空间划分与组合。功能决定形式，形式反映功能，两者之间的辩证关系就是这么形成的。医疗建筑内部空间的普遍性是指从医疗建筑中可以看到许多其他建筑类型的影子。医院是内部空间按多种排列方式组合后的有机集成，这也是其被称为最复杂公共建筑的原因。

由于服务对象的特殊性，医院内部空间除了满足功能需求体现出的普遍性外，还被赋予了更多的其他意义。随着医学模式由生物医学到“生物—心理—社会”综合医学模式的转变，人们对健康的理解不再仅仅是肌体功能的治愈，而是身体、心理、社会交往的全面平衡。循证医学的出现为优美环境对患者康复的积极作用提供了坚实的理论基础，医院内部空间品质提升除满足人们日益增长的审美需求外，更是多了现实的康复支持性功能。

患者作为医院主要的服务对象，由于身体不适，与普通人相比更容易产生焦虑、烦躁、孤独的情绪。医院内部空间在满足高效功能组织，便捷交通联系的同时，应注意对患者情绪的影响，如通过颜色的搭配，暖色调的引入来避免单一白色和高科技检查设备带来的冰冷感、距离感；通过绿化植物的引入来丰富空间品质，给患者以战胜病痛的信心等。

一、内部空间发展历程

随着现代医疗模式的引入，我国医院内部空间的发展受经济发展水平、国家医疗政策、医疗服务理念等多种因素的影响，依不同阶段主要关注点的不同，大致可以分为三个阶段。

第一阶段，从 20 世纪 50 年代新中国刚刚成立到 70 年代末改革开放的逐步推进。国家经济基础薄弱，百业待兴，医院建设主要关注点是量的提升和面的覆盖，解决的是从无到有的问题。受经济和医学发展水平制约，此阶段医院功能组成相对简单，对内部公共空间的认识还停留在交通联系的阶段，对内部空间品质无暇顾及，精力全部放在了医院的建设普及方面。

第二阶段，从 20 世纪 80 年代初改革开放初见成效到 90 年代末经济的腾飞发展。经济迅速发展，各行各业都呈现出繁荣的景象，人们生活水平得到了大幅度的改善。伴随医学、科学技术的发展，医疗建筑功能更加复杂，规模更加庞大，内部空间主要的关注点是对功能的支持，对交通的梳理。此阶段受西方“技术至善论”的影响，医院追求的是先进诊疗手段的学习和先进诊疗设备的引进。遍布各地的以医技功能为中心，门诊、医技、病房构成的经典“王”字型布局就是这种理念的体现，医技检查被放在了极其重要的地位。内部空间品质虽有提升，但主要体现在装修档次和视觉效果，还没有认识到满足使用者的心理和社会需求的重要性。

第三阶段，21 世纪初至今。医学的发展，医疗观念的转变，人们生活水平摆脱物质束缚后越趋于回归“人性化”，与以往相比，此阶段内部空间在满足功能、交通需求的同时，更加注重使用者的空间体验和心理需求。对医院职能的认识也不再仅仅停留于疾病的消除，而是将患者看作社会中的个体单位，真正的健康是身体、心理、社会关系的全面康复，无论是诊疗过程还是内部空间氛围都需要更加温暖和充满人情味。

二、内部空间的组成

医院内部空间，依划分标准不同，可以形成多样的划分方式。如依医疗功能不同，可以分为门诊、急诊、医技、病房等不同的组成部分。这里以使用者的体验为考察视角，依各部分在构成内部空间时所起作用的不同，分成功能空间、交通空间、服务空间三部分。

1 功能空间

功能空间是医院内部主要的职能空间，其服务对象主要是患者和医护人员，对私密性要求较高，由诊室、医技检查室、病房和医护办公空间组成。患者在此完成诊察、治疗，医护人员在此工作办公，是医院实现诊疗功能，体现诊疗水平的窗口空间，也是医院内最理性的存在，一切以功能实现、联系便捷、使用方便为目的，功能效率的提高是这里空间布置的主要依据。

在功能空间里，由于有“效率”这双看不见的眼睛在时刻注视着患者和工作人员，患者想要早点知道自己的诊断结果，医护人员想早点确定患者的病情，相应的，人们对周围环境的感知力不是那么敏感，满足基本的舒适要求就可以了。但是对空间颜色搭配、材质选择、家具配置等应给予足够的重视。墙面没必要全是白色，根据整体色彩搭配也可以加入暖色；诊室地面选择脚感柔软的 PVC 地面，隔声降噪也是不错的选择;病房里也可以有盆景、绿植。功能空间也可以温馨如家，生机盎然，诊室里的一盆绿植带给患者的不仅仅是视觉的愉悦，还会带来有温度的生活情趣（见图 4-3-1）。

图 4-3-1

图 4-3-1 沪滨爱尔眼科医院

2 交通空间

随着科技的发展和医学的进步，医院内部功能科室越来越多，诊疗手段越来越丰富，医院规模伴随着城市化的脚步也越来越大。功能空间依需求和相互间关联程度分层、分组排列组合后，剩下的就是通过交通空间将各个部分串联起来形成医院有机的功能整体。如果说功能空间是效率当先，交通空间则是便捷为主。但是真正实现便捷并不是那么简单，医疗建筑的复杂不仅体现在功能上，更体现在流线上。数字信息技术的应用，使得患者就诊过程在传统人流、物流的基础上，更是增加了信息流，这还是在不考虑患者开车入院产生车行流线的前提下。在功能合理分区的基础上，如何梳理人、车、物、信息流线，如何处理相互之间的关系，做到流程便捷，互不交叉，安全高效，这显然是一个复杂的交通问题。

医疗建筑设计从某种程度上类似于小学试卷中排列组合加连线的复合题，将儿科、急诊、住院大厅等需要直接对外出入的排在一层；影像科设备较重，考虑运输方便也放在一层；其他功能科室依据相关程度依次罗列。功能组团排列完成后剩下的就是连线了，这些线既有看得见的医疗街、走廊、管道井，也有看不见的、漂浮在天花板上的电缆桥架和物流传输系统等。

3 服务空间

患者诊疗过程的顺利进行，除了需要直接的功能空间，还涉及一些辅助性的服务空间，如满足患者和陪同人员多样化需求的商业空间、排队叫号的候诊空间等。随着移动互联技术在医院的广泛应用，手机预约、挂号、支付功能的越来越成熟，自助检验报告打印、自助取药等智能终端设备越来越普及，诊疗过程将更加高效，患者用于排队等候的时间将越来越少。在不远的将来，作为智能终端的手机在诊疗过程中将会承担更多的信息提醒功能，如排队人数和就诊提醒等，候诊时间将更加可控，就诊过程将会更加轻松自在，相应的对医院服务空间的要求将越来越高，对患者就医体验的影响也越来越大。

如果说功能空间以效率实现为目标，交通空间以便捷联系为目的，那么服务空间则是对使用者人文关怀的体现。由于医疗功能的特殊性，为了避免相互间的交叉感染，医院大多数时候是作为城市功能孤岛而存在的，周围高高的围墙将医院从城市隔离出来，医院内部空间拒绝其他一切非医疗功能的存在，冷漠高傲，孤僻冰冷。服务空间，尤其是商业空间的出现，成为内部空间的变奏和点缀，医院从此有了色彩，有了人情味。虽说为患者去除病痛是医院的首要任务，但这满足的仅仅是患者的生理需求。人作为复杂的群居动物，除去生理需求外，还有社会需求，只有将使用者作为整体的“社会人”来看待，满足人的全面需求，才能带来舒适的就诊体验。

三、内部空间存在的问题及发展趋势

医学的发展，科技的进步，医疗模式的转变，人们对健康认识的逐步深入，多学科融合的持续推进，5G 时代的到来，所有一切都给医院建设带来前所未有的冲击。医院内部空间设计也暴露出一些问题，问题的解决也是未来医院内部空间的发展趋势。

1 对自然采光的认识不足——空间庭院化

自然采光、自然通风通常被认为是绿色医院设计中最重要的两个被动节能手段，显然前者对空间的品质改善更有意义。一方面，自然采光对空间的尺度要求更高，能满足自然采光的房间，要想自然通风剩下的仅仅是开窗问题，自然采光是自然通风的充分必要条件；另一方面，人类获取的信息 83% 来自视觉，自然采光对改善使用者体验具有至关重要的作用。自然采光的意义不仅仅是满足空间使用对照度的要求，更重要的是建立使用者与外界的联系。通过窗户使用者可以了解外面的天气状况，是晴空万里，还是阴雨连绵；通过日照强度，使用者可以判断大致的时间状况；如果通过窗户能够看到外面的景观环境，那就更好了。自然采光能够给使用者带来的丰富信息，是人工照明无法相比的，而信息的获得直接关系到安全感的建立，对使用者体验感的影响，不言而喻。自然采光对所有使用者都很重要，不是患者享有的特权，医护人员同样拥有享受阳光的权利。

千百年来，我们一直试图在室内模拟的不单单是气候，而且还有我们过去的进化环境：温暖而又湿润的空气，绿色的植物，甚至还有我们的动物伙伴。大自然在我们的日常生活中应当被认为是生物学需要的一部分（引《建筑模式语言》）。各种先进技术手段和建筑材料与设备的不断涌现，其最终的目的还是改善内部空间品质，使得室内空间室外化。对于医疗建筑来说，由于庞大的体量，要解决自然采光的问题，最有效的手段就是在内部空间中引入景观庭院。此外，由于人们亲近自然的生理特性，除了为采光而引入的庭院外，内部空间也体现出庭院化的趋势（见图 4-3-2）。

图 4-3-2

图 4-3-2 Meander 医疗中心候诊空间

2 对医疗流程认识不足 —— 功能复合化

现在综合医院设计基本是医技为中心，门诊、病房分置前后，各部分以功能模块的形式分隔布置，线性医疗街空间串联三者，形成完整的医疗流程闭环。这种泾渭分明的功能布置方式，有其内在的合理性：门诊、病房都有医技检查需求，所以医技应处在中心位置；门诊功能，除了急诊外，开放时间均为白天，所以将门诊功能组团单独布置，便于管理。但由于患者就诊过程中伴随着复杂诊疗活动，难免奔波于各个功能模块之间，这对拖着病体的患者来讲不太方便。

科技的发展，使得医疗设备向着小型化、便携化的趋势发展；物流传输设备的成熟应用及与信息化融合后带来了智慧物流传输的光明前景；5G 网络建设带来的信息传递的极大便利，使得医院内部空间组织模式有向功能复合的、一站式诊区模块化发展的趋势。门诊 + 相关医技的复合诊区模块，配合以集检验标本采集、药品发放与收费于一体的多功能护士站的建立，带来的将是全新的就诊体验和简化的就诊流程。一站式区域功能模块的建立，带来的不仅是功能使用的方便和就诊效率的提升，更是区域流线的限定，除去特定的检查外，大多数诊疗活动都可在区域内部解决。功能复合的另一个优势是导向标识的清晰，毕竟功能划分少了，最典型的例子就是分中心的建立。综合医院依据自己的优势科室，将某一类疾病的治疗集中于特定的区域，相关的门诊、医技、住院功能全部在限定的区域内解决。

3 对使用者需求认识不足——空间氛围活跃化

医院内部空间原来受限于面积的不足，主要的关注点在于满足人们的基本医疗需求。现在由于国家对民生紧密相关的医疗行业的持续关注，医院建设蓬勃发展，人们对医疗资源量的需求已基本满足，“质”的提高成为医院内部空间设计的主要问题。正如墨子所言“食必常饱，而后求美；衣必常暖，而后求丽；住必常安，而后求乐”。

内部空间的“质”，说到底还是满足使用者的需求，吃饱是需求，吃好也是需求，只不过需求层次更高。政治学中对人的定义是：一切社会关系的总和。人是不能脱离社会而单独存在的，社会交往也是人类的基本需求。为了满足使用者全面的生理和社会需求，医院内部空间中非医疗功能所占的比重将越来越大，空间氛围有活跃化的趋势，内部空间表现为多种功能空间的组合，医院由单纯的医疗功能向医疗综合体的方向发展。

在服务空间中引入餐饮休闲功能，在门诊大厅中引入钢琴弹奏表演（见图 4-3-3），世俗化、非医疗功能的引入从使用者的心理需求分析是满足人们融入社会的心理需求；从功能组成上分析，复合化的功能使得医院更好地融入城市，建立医院与城市的联系，改变人们“谈医色变”的固有印象。

图 4-3-3

图 4-3-3 南京鼓楼医院共享中庭

非医疗功能的植入，社交空间的建立，对住院患者的意义尤其重要。住院患者由于身体上的疾病，原有生活状态的中断，加之自主控制能力的丧失（作息、活动受医嘱的限制），拥有更强的社会融入需求，对社会交往活动的需求也更加迫切。能否促进自发社会活动的产生，也可以作为衡量内部空间品质的一个标准，人是一切社会关系的总和，人是人最大的乐趣。波特曼在酒店设计中就将酒店大堂理解为：一个人看人的空间。

医疗科技的进步，医疗认知水平的提高，极大地增强了人们战胜疾病的信心，就诊被认为是与购物、休闲同样的日常生活的一部分。医院也不再那么特殊，被割裂在居住、办公、休闲等城市基本功能之外，可被等而视之。医院设计的出发点在追求更高更快医疗功能实现的同时，更加关注愉悦的使用体验以及如何更好地发挥非医疗的空间环境对康复的促进作用。

设计理念的转变必然带来医院由内而外的全面变革，所有这一切从根本上说还是源于对人类复杂社会性的使用者需求更深刻的认识。在外部空间中，便捷可达的城市接驳，安全舒适的步行环境，层次丰富的绿化组合成为医院设计的标准配置。身处自然，沐浴阳光，听鸟叫虫鸣，观风云变幻，闻时光流淌，感生活美好，盼早日康复。绿色植物和自然环境依其丰富的变化与多变的表情能给人带来无可比拟的丰富感受，拥有无可比拟的自然治愈力。优美的外部空间提供是的使用者与天地沟通的场所，在这里人类的心灵得到沉淀，精神得到慰藉。建筑实体作为医院外部空间的背景，起着展示医院形象、传递艺术品位、围合内部空间的作用。实体作为人造的客观物质实在，是理性思考后的感性表达，是设计师依建筑语言进行实体组合后的情绪传递。医疗建筑外立面应具有温暖人心的幸福感，隐身于建筑艺术气质背后的是积极和乐观的价值观传递，是疗愈患者心灵的艺术体验。穿过建筑实体，来到功能实现的内部空间，医疗活动不再是医院功能的全部，更多城市功能的植入带来的是更为丰富的活动选择和更加贴近人性的城市融入。医院内部一改往日的冷漠与单调，变成了咖啡飘香、色彩丰富的活动场所。内部空间中社会性功能活动的植入，带来的不仅是人们功能需求的满足，更是社会隔离感的消除和社会联系感的建立，对减轻患者就诊恐惧感意义重大。

外部空间通过建筑实体上的窗户与内部空间产生视觉上的沟通，拥有比内部空间更为开阔的自然属性；内部空间通过实体墙面的围合，拥有比外部空间更强的抵御气候环境变化的能力。医院作为一个整体，外部空间、建筑实体、内部空间三者是相互配合，相互补充的关系，愉悦度和交往促进度成为衡量设计成功的标准，其最终应该构建的是由“景”入心，由“心”及身的医疗体验：好的室内外景观、交往环境，带来使用者心理上的自在；心理上的自在，增强了患者身体的疼痛抵御力和康复免疫力，提高了医护人员的工作效率，促进了患者的康复。要实现医院里的“自在”，充分发挥空间自身的疗愈能力，最重要的还是紧握“人性”这条线索，在兼顾功能效率和满足使用者需求的基础上，通过空间组合来愉悦使用者的心情，促进使用者的交往，将美好的空间体验内化为患者自身的免疫康复能力。

第五章 设计实践

青岛西海岸医疗中心

01

地点:	山东.青岛
时间:	2007-2011
项目主创建筑师:	李维东
合作建筑师:	索慧波 张日升
床位数:	1500床
基地面积:	180630平方米
总建筑面积:	196000平方米
建筑高度:	99.50米

青島西海岸医疗中心
QINGDAO WEST COAST MEDICAL CENTER

融入场地的绿色医院

文 / 姜童

青岛西海岸医疗中心是青岛市政府、青岛开发区管委会和青岛大学医学院附属医院三方共同打造的一座全新的三级甲等医院。医院位于青岛市开发区，占地 18 公顷，总规划建筑面积 43.5 万平方米，其中医疗区建筑面积 31 万平方米，生活区 12.5 万平方米。一期建设医疗综合楼 19.6 万平方米，床位数 1500 张，含地上 21 层和 24 层单单元病房楼各一栋，裙房地上五层主要为门诊医技功能。除此之外，一期还在院区东北角单独建设了 1700 平米的感染门诊；洗衣房则结合地形布置在了北广场的地下，共 3300 平方米（见图 5-1-1）。

图 5-1-1

图 5-1-1 从东南侧远眺院区

一、融入场地的坡上医院

青岛西海岸医疗中心的设计构思是从考察现场，感知场地开始的。实地勘察能够发现电子版地形图中不易察觉的东西，地域文化、城市肌理、地形地貌等都需要设计人员到现场了解感受，在与场地产生情感联系的基础上，站在城市设计更大的视角范围来进行医院的设计构思，使医院更好融入城市的同时，建立医院与场地的联系——医院就像是从这片土地上生长出来，与基地和周边环境和谐相融，像是本就归属于这块土地的存在，把它挪到别的地方就不合适了（见图 5-1-1、图 5-1-2）。

图 5-1-2

图 5-1-2 总平面图

项目用地呈西北高，东南低的趋势，最大高差约 15 米。场地西北为林地和果树;东部为荒地，凹凸不平，低于城市干道奋进路 3 米左右;中部为农田，地势相对平坦，其间有水塘一处，水体有一定程度的污染。

考察现场的过程，也是搜集设计信息，形成设计意向的过程：

- 结合场地高差，将用地平整为三块台地，减少土方开挖；
- 保留场地中部水塘，结合功能布置，将其改造为亲水景观体验空间；
- 将主医疗功能区布置在东部，利用地形高差，打造多平台城市联系空间;
- 将保障生活的单身公寓、职工宿舍等布置在用地西侧，相对独立。

意向形成之后就是多轮的方案比较和持续的方案深化，最终形成了“三台地，三轴线，三广场，一花园”的空间规划结构。

1 三台地

根据基地西北高、东南低的特点，并结合四周城市道路状况，将用地平整成高压走廊区、医疗区、生活保障区三块台地，如图 5-1-3 所示。将医疗区台地开挖出的土壤转移到高压走廊台地，以平衡基地与东侧城市主干道奋进路的标高关系；医疗区台地，综合楼位置满铺地下室，地下室标高在东侧与高压走廊取平，由奋进路进入的车辆可平层直达院区地下空间，既方便进出，又能利用高差提高地下空间通风、采光品质；医疗区台地与高压走廊台地标高相差 5.7 米，既能保证地下空间使用对净高的需求，又能平衡与南北两侧城市干道的标高关系，方便水平的城市联系（见图 5-1-4）。

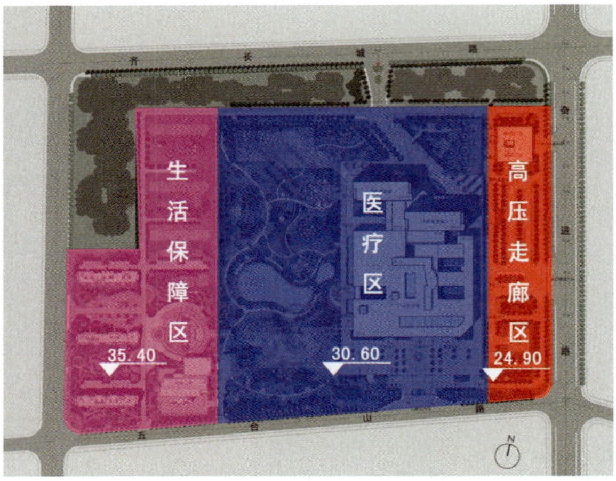

图 5-1-3

图 5-1-4

图 5-1-3 用地被分为三块台地
图 5-1-4 从东侧台地看院区东入口

2 三轴线

东侧主功能轴线，串联起门诊、医技、病房功能，形成契合医疗流程的空间序列，控制着医疗区内部空间的组合和外部空间的发展；西侧辅助功能轴线，是生活区专家公寓和职工宿舍规划组织的依据，控制着生活区空间序列的展开；中部景观联系轴线，自东向西依次串联起主医疗区、中心花园和生活辅助区，如图 5-1-5 所示。两纵，一横，三条轴线控制着整个院区的空间序列和未来的发展。

3 三广场

三广场的设置在配合功能使用的基础上，分散人流，建立院区与城市更好的联系。南侧门诊医技楼前设门诊主广场，主要是承接由五台山路导入的就诊人流；北侧病房楼前设探视广场，主要是为迎接由齐长城路进入的探视人流，两个广场通过综合楼东侧通道水平相连。东侧设门诊次广场，位于高压走廊台地，比前两个广场低 5.7 米，在南、北端部各有坡道与门诊广场、探视广场相连。三广场分设出入口与城市干道相连，两两之间也有便捷的联系，在发生危急事件时，还可分别控制。

4 一花园

坡地高差的合理利用和场地中原有水体的改造，可以说是该项目场地融合的两处点睛之笔。将原有水塘改造为生态景观水面，并结合亭阁、水榭、栈道的布置，为院区使用者提供一个散步休闲、亲水活动的景观空间（见图 5-1-6）。

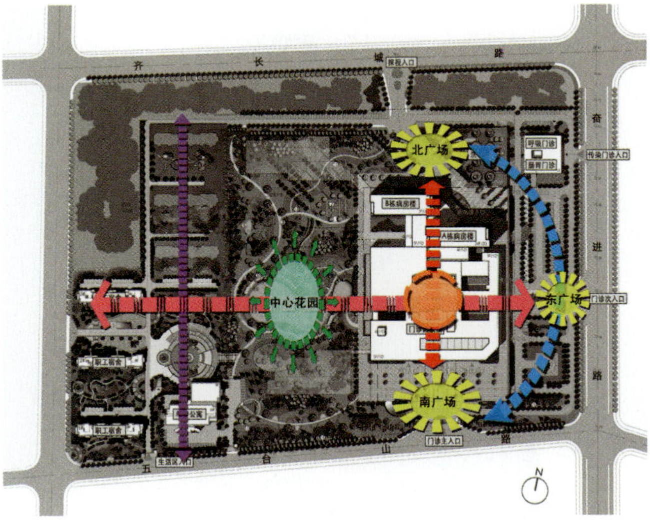

图 5-1-5

图 5-1-5 院区空间结构分析图

图 5-1-6

图 5-1-6 景观水体实景

二、自在使用的高适应性医院

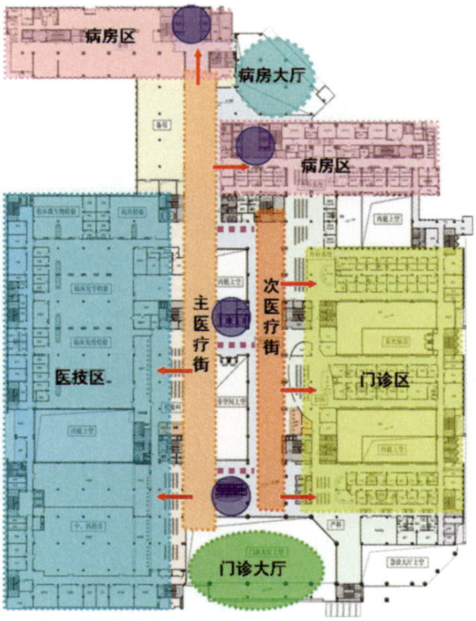

图 5-1-7

图 5-1-7 医疗街结构分析

医院作为治病救人的场所，最大的“绿色”就是功能合理、流线短捷、方便使用，基本职能的高效实现才是绿色医院的根本，也是实现自在医院的基础和前提。

青岛西海岸医疗中心紧凑化功能布局，门诊、医技、病房形成简洁的三角关系，结合空间组织与交通联系需要，引入主次医疗街系统，医疗街右侧布置四组门诊单元，左侧设置医技科室，空间序列简洁明了，识别性强，病人能在体量庞大的综合楼内迅速找到目的科室，完成医疗活动（见图 5-1-7）。简洁的交通体系和紧凑化的功能布局，带来的是高效的就诊体验和可控的流线长度。从门诊大厅主交通核至最近门诊单元仅有 25 米，至北端最远门诊单元仅有 100 米，这在体量 20 万平方米的综合医院中是难能可贵的（见图 5-1-8）。

柱网作为建筑结构支撑的基本框架，也是医院功能布局的基本单位。西海岸医疗中心采用 8.4 米 ×8.0 米的标准柱网尺寸，高适应性的标准化柱网模数带来的是高适应的功能布局，是门诊、医技、病房、停车皆可适用的模数单位，也是功能模块化的前提。

建筑功能的实现，除去足够的空间面积外，水、电、暖、垂直交通的支撑也必不可少。高适应性医院的形成，在功能模块化的基础上，还应遵循“支撑体边缘化”的原则，以便形成大开间的通用空间。西海岸医疗中心将管道井与垂直交通核心结合布置，局限在一个柱跨内，公共卫生间安排在医疗街背后的次走廊上，东西两侧疏散楼梯间完全贴边布置，形成稳定的使用空间，空间中尽量少地设置土建隔墙，尽量应用大空间，比较方便进行功能调整和转换。

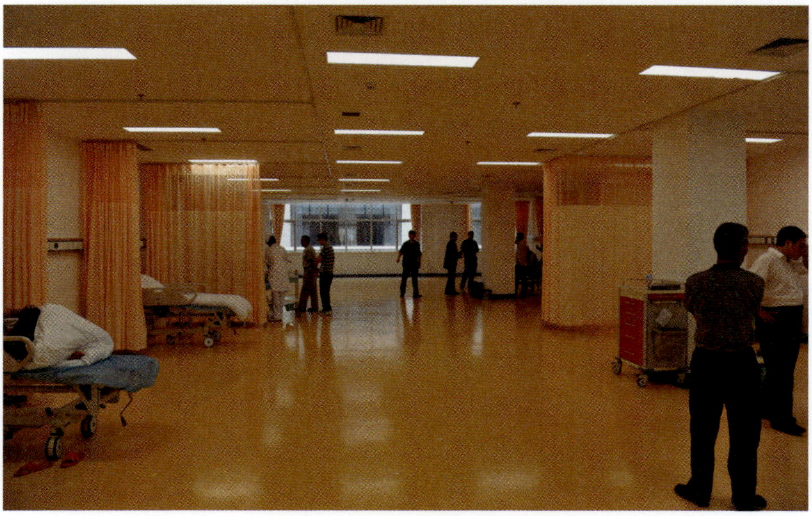

图 5-1-8

图 5-1-8 急诊抢救大厅

功能合理、高效布局的基础上，要实现“自在医院”，还应关注商业、等候等服务空间的配置。如在门诊大厅内引入星巴克，咖啡飘香，满足人们休闲娱乐需求的同时，降低患者的就诊恐惧感；在综合楼裙房、主楼屋顶和洗衣房屋面设置大面积的屋顶花园，为人们提供安静舒适休闲空间的同时，隔音降噪，保温防晒。屋顶花园楼梯间标高采用抬高化的处理，人们出楼梯间后下两步台阶，就有再现室外庭院的感觉。

三、生态节能的绿色医院

青岛西海岸医疗中心在绿色节能方面的探索，可以说是长期项目经验积累总结后的集中实现，是绿色医院设计理念在项目实践方面的里程碑，是经时间验证了的切实可行的绿色医院设计方法。

1 设计先行的自然采光、通风

对于自然采光、通风的重视，应从设计的源头抓起，最初的方案就应把两者放在首要满足的位置。《圣经》旧约 • 创世纪篇中说：原始太初，上帝创造了天地……上帝说：“要有光！”于是，就有了光。虽然这故事充满了神话色彩，但毋庸置疑的是“光”在我们感知周围环境中的作用很重要。自然采光、通风在创造舒适宜人空间品质的同时，减少了照明与空调设备的使用，降低了能耗（见图 5-1-9）。

图 5-1-9

图 5-1-9 儿科候诊厅采光天窗

综合楼功能复杂，尺寸巨大，为实现自然采光、通风的目标，在 145 米 X 190 米的平面尺寸内设置了 5 个天井和 1 个半围合天井，又根据医疗流程和空间序列设置了三层高的门诊大厅、二层高的急诊大厅，出入院的病房大厅，以及由主次医疗街围合而成四层通高的共享庭院，在将阳光、室外景观引入建筑内部的同时，既沟通了室内外的联系，又丰富了使用者的空间感受（见图 5-1-10）。

图 5-1-10

图 5-1-10 室内共享空间

在平面功能深化中，为加强医疗街的采光、通风效果，将主次医疗街之间的共享空间调整为 12 米开间，南北进深四跨达 33.6 米，并且将最北侧一跨提高两层，高出屋面一层，上面设电动开启窗，产生烟囱效应，强化共享空间的通风效果，同时开阔的空间尺度使阳光可以直达首层。采光顶设电动遮阳帘，保证室内环境的可控性。

自然采光、通风需具体情况具体分析，即使在楼梯间这种次要的使用空间也有意义。设计者独具匠心地在楼梯间旁抠出一个采光井，到屋面后设玻璃采光顶，引入自然光线的同时加强通风，如图 5-1-11 所示。建成后的采光效果令人满意，阳光明媚的午后站在楼梯间望向采光天井，看着从高处洒下的阳光，虽然没有罗马万神庙那般雄伟辉煌，但高耸采光窗形成的空间氛围和万神庙还是有异曲同工的相似之处。

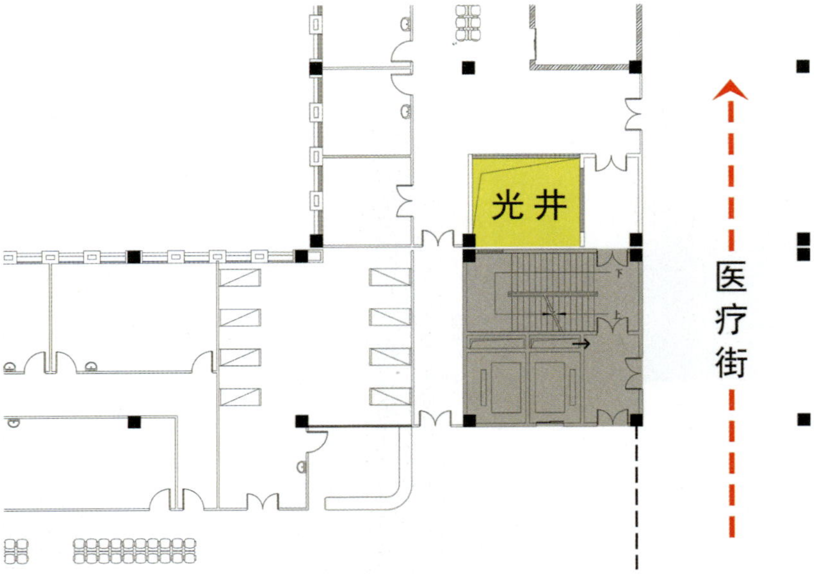

a
图 5-1-11

b
图 5-1-11

c

图 5-1-11

图 5-1-11 楼梯间旁开设的天井

在综合楼西、北两侧开挖8米宽的与东广场标高相同的室外通道，这样东、西、北三面都实现了自然采光、通风。囿于负一层平面尺寸巨大，设计师通过在病房楼地下室设采光顶棚，在半围合天井处引入下沉广场，在洗衣房上设屋顶采光窗等手段提高地下空间的品质，如图5-1-12所示。

图5-1-12

图5-1-12 洗衣房自然采光

2 全专业统筹的节能减排

要实现真正的绿色医院，除去设计阶段建筑专业对平面功能布置的细致推敲外，还需要其他专业的配合，最终实现医院全生命周期的节能减排。

为了满足大跨度主医疗街对空间效果的需求，结构专业采用高强型钢混凝土结构，减小结构断面尺寸，12米宽的医疗街，在层高4.5米的条件下，取得吊顶下净高3.2米的高度。理想的净高尺寸，带来的是良好的医疗街采光效果，减少了辅助照明的使用，节约了能源（见图5-1-13）。

空调系统作为医院中的耗能大户，暖通专业优化系统选择，整栋建筑采用集中空调，新风量可调节。空调采用变频设备、二次泵系统，根据使用工况，调整设备功率。利用排风对新风进行预冷或预热，降低能耗。

给排水专业对优质杂排水进行统筹安排，二次利用。将中心供应室降温产生的热水收集后作为洗衣房前段的洗衣用水；利用高压蒸汽采暖时产生的高温蒸汽凝结水作为院内洗澡水加热，充分回收余热（见图 5-1-14）；收集换热后的低温凝结水以及其他水源作为中水，为生态湖旱季补水，或作为净水浇灌绿化，冲洗道路，节约水资源。

电气专业在负一层设 35KV 变压站，减少输配电损耗；采用建筑设备监控系统、能耗管理系统，并实行分科单独计量，便于节能管理；采用智能照明控制系统，实行分区照明控制，减少不必要的电能损耗。

图 5-1-13

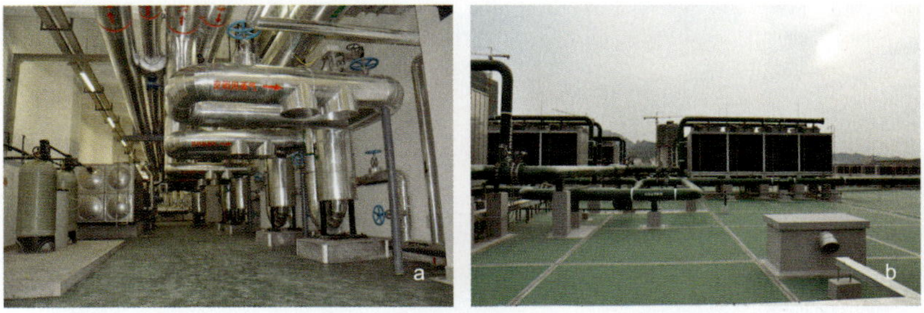

图 5-1-14

图 5-1-13 医疗街内景
图 5-1-14 热回收系统

图 5-1-15 病房楼夜景

图 5-1-16

图 5-1-17

图 5-1-18

图 5-1-16 东北侧透视
图 5-1-17 院区景观环境
图 5-1-18 从湖面看裙楼

图 5-1-19

图 5-1-19 共享中庭

图 5-1-20

图 5-1-21

图 5-1-20 门诊大厅
图 5-1-21 门诊次入口

图 5-1-22

图 5-1-23

图 5-1-24

图 5-1-22 住院大厅
图 5-1-23 西侧下沉通道采光井
图 5-1-24 地下车库自然采光

图 5-1-25

图 5-1-25 病房楼实景

佛山市禅城区人民医院

02

地点:	广东.佛山
时间:	2009-2014
项目主创建筑师:	杨曙光
合作建筑师:	张亦敏
床位数:	600床
基地面积:	38537平方米
总建筑面积:	76344平方米
建筑高度:	89.90米

禅医 —— 疗愈性空间的创作

文 / 张亦敏

禅，禅城，禅医，禅者修心，医者救人。

禅本身就是大智慧，包罗万物，如何做才能将“禅”字表达出来呢？漫步在禅城老街小巷，两侧是郁郁葱葱树木，行人三三两两，步履悠闲，不自觉地就把人的步伐也带慢了，心中也多了一分宁静。这种“慢节奏”是否就是禅城人自己对禅文化的一种诠释呢？这种概念如何植入建筑设计当中呢？人与自然的淡泊宁静，人与大自然的和谐相处，是一种禅意，建筑形体的素淡、沉静、稳重能否给人不一样的禅道感悟呢？设计师希望通过自然与建筑的融合，表达建筑的内在与外在美（见图 5-2-1）。

图 5-2-1

图 5-2-1 门诊大厅内景

一、建筑与城市环境的融合

石湾的建筑和谐、宁静、自然。建筑一定是有地域性的，无论文化、气候、地形等，对建筑风格的影响都是不可回避的。医疗大楼屹立于此，给人的感觉便是简单的美感，沉静而又稳重（见图 5-2-2）。

建筑入口是医院与城市衔接的窗口，要有医疗建筑必须给予患者的呵护感，又要体现禅医的文化精髓，最重要的是强化灰空间功能性与生态化设计的融合。步入医院看到的不是冰冷的建筑的山墙面，而是一个禅意空间，树木、流水、假山，通过空间的转换，建筑环境似乎与石湾广场是融为一体的（见图 5-2-3、图 5-2-4）。

图 5-2-2

图 5-2-2 南向鸟瞰

图 5-2-3

图 5-2-3 医院夜景鸟瞰

图 5-2-4

图 5-2-4 入口水景空间与石湾广场的融合

二、建筑与自然环境的融合

建筑不应该扮演环境的破坏者。建筑的巨大体量，功能服务对象特殊，嵌入城市空间里面，原本舒缓的空间感势必受到影响。在医疗建筑主要立面采用方格窗元素，是通过光影变化营造一种虚实的对比关系，削弱建筑自身体量的做法（见图 5-2-5）。同时，融入窗台绿色植物的覆盖，将石湾广场的绿色蔓延至上部空间，让建筑本身也成为环境的一部分，身处高层建筑室内，也能与自然亲近，如图 5-2-6、图 5-2-7、图 5-2-8 所示。建筑的山墙面采取封闭、半封闭、开放三个层次的挑台，结合绿植，创造出建筑内与外的混沌空间，弱化了山墙面的锐利感。在建筑可以释放的区域内，设置可以呼吸的天井，结合屋面绿化，营造出光影丰富、通风良好的景观区域，同时也是患者需要的休闲区域（见图 5-2-9、图 5-2-10）。

图 5-2-5

图 5-2-5 屋顶绿化

图 5-2-6

图 5-2-6 屋顶绿化与阳台绿化

图 5-2-7

图 5-2-8

图 5-2-9

图 5-2-7 阳台绿化
图 5-2-8 病房室内空间与阳台绿化
图 5-2-9 庭院绿化

图 5-2-10

图 5-2-10 内庭院水景

三、建筑与院内微环境的融合

由于新建筑和老建筑的体量差异非常大，因此，考虑新老建筑的融合采取了隐旧于新，围合空间、新旧共存的处理方式。

隐旧于新，顾名思义就是采用包裹的手法，最大限度地扩大新建筑的沿街展示面，弱化老建筑在外立面的影响，如图 5-2-11、图 5-2-12 所示。

围合空间、新旧共存，在院区内部空间中塑造以景观为主体的灰空间，新老建筑元素在此融合，模糊边界。

医疗建筑是有特殊性的，它所服务的人群在一个阶段内是需要被特别关爱的，因此本案在设计过程中更注重的是设计一个高度舒适的环境，建筑即是环境，环境融入建筑，为患者提供一个身心放松的康复环境。

图 5-2-11

图 5-2-11 医院鸟瞰

图 5-2-12

图 5-2-12 石湾广场与精进楼

四、空间的治愈性

随着医疗事业的发展，医疗活动开始以患者为中心展开。我们意识到，医疗建筑并不是孤悬于社会空间之外的孤岛，医院设计也并不仅仅是排布功能和流线。“以患者为中心的医疗”使我们注意到“以患者为中心的设计”理念，为“空间治愈力”赋予了心理学的依据。也许治愈空间的改善能够对治愈行为本身产生良性的促动。

治愈性空间为附近区域提供高度的空间多样性，将在城市中勾勒出一幅天然绿洲的画卷。其为患者和访客提供了多功能空间，为患者、访客和员工之间的日常生活和互动营造出一种健康和鼓舞人心的环境。

图 5-2-13

图 5-2-14

图 5-2-13 VIP 入口门厅
图 5-2-14 温馨的候诊区

图 5-2-15

图 5-2-15 病房医患沟通区和室外活动平台

深圳市宝安区石岩人民医院扩建工程

03

地点:	广东.深圳
时间:	2011-2019
项目主创建筑师:	贾敬龙
合作建筑师:	王岗 蒋龙 田少斌
床位数:	600床
基地面积:	16037平方米
总建筑面积:	70514平方米
建筑高度:	94.80米

深圳市寶安人民醫院(集團)
第二人民醫院

由无序到有序的升华

文 / 贾敬龙

一、项目整体情况

建设地点：深圳宝安区石岩人民医院位于石岩街道中心地段，该地块东邻吉祥路，西邻石岩大道，北邻宝石东路，南靠河滨北路。

周边环境 宝石东路，城市次干路，道路宽度61.5米，双向六车道，设辅道、人行道及绿化带。吉祥路，城市主干路，道路宽度12米，双向四车道。梅园路，道路宽度7米。河滨北路，双向四车道，路幅宽9米，临医院一面设绿化隔离带。

建设用地：拟在石岩人民医院原址西侧的城建国土大楼、医院值班房及建设用地上进行少量临时建筑拆除；建设用地包含：拆除建筑后的空地、国土大楼北边的一块暂时空置的民宅用地、国土大楼与医院之间的区间路以及医院西南角的临时建筑占地及旁边的空地，在该地块上建设一栋住院综合楼和3层地下室。

功能构成：由急诊、药房、医技、病房和行政办公科研组成。1~10层为急诊、药房、医技用房，11~20层为病房，21层为行政办公科研用房。地下1至3层为设备用房及车库（含5级人防医疗救护站）。

建设目标：以满足深圳宝安石岩人民卫生需求、保护和促进居民身体健康为目的，以项目建设为契机，通过医院功能、服务、设施、技术、管理的现代化建设，力争到2014年建成现代化医院，实现医院管理、医疗服务、医学研究与医学教育的现代化。

主要技术经济指标：床位数600床，基地面积，16037平方米，总建筑面积70514平方米，建筑高度94.80米。

二、基地制约因素的关联整合

通过全方位对基地制约因素的关联整合分析，诠释深圳石岩人民医院综合病房楼设计从无序到有序的升华。

1 与城市上位规划的关联

从城市设计的理论视角出发，研究建筑单体与周围城市环境的关系，以上位规划为依据，合理解决建筑体量、色彩、风格、景观等因素与城市的关系等问题，最终从城市设计层面实现从无序到有序的升华。

建筑单体的设计往往需要放到更大的城市范围视角下进行定位和研究，包括远处的羊山风景区景观视线通廊、基地南侧的石岩河景观、基地东侧的原有医院建筑以及狭窄的道路交通环境。建筑主楼以及裙房形态的生成与风景视线以及北侧日照息息相关，体现了建筑与环境的有机关联和缜密的理性分析。

2 与周围城市环境的复杂功能的关联

梳理基地周围城市环境中复杂功能构成，规避不良因子，重构优良因子，通过整合和解决不利制约因素，从而实现从无序到有序的升华。

我们认为：基地的不良因子包括用地狭窄、空间局促、消防和日照条件苛刻以及与老医院整合。基地的优良因子包括南侧石岩河景观、远处羊山风景视线的关联。

3 与原有医院门诊楼的关联

以改扩建深圳宝安人民医院（集团）第二人民医院（深圳宝安石岩人民医院）为契机，通过理性而缜密的规划设计分析方法，实现新旧建筑的融合，在建筑单体方面实现从无序到有序的升华。

基地东侧为医院原有 4 层门诊病房楼。 方案将从平面医疗功能上、空间一体化上进行新旧建筑之间的改扩建设计工作。分析结论：从新旧建筑之间的整体效果出发，在城市景观、医疗功能以及交通组织等方面进行总体设计。

其中最为重要的功能的整合、建筑形态的整合、功能流线的整合是实现从无序到有序的升华的关键和基础。

4 与城市景观视线通廊的关联

借鉴并利用中国传统园林“空间借景”的城市设计手法：通过建立景观视线通廊，从空间上实现从无序到有序的升华。东、南方向病房主楼的布局与城市南侧羊山风景区建立了良好的空间景观视线通廊，为患者营造了优美的疗养环境，疗愈空间的设计理念得以贯彻实施。

5 关联整合后的总平面布局

通过对用地现状分析和设计任务书解读，根据综合医院设计规范，合理进行总平面功能布局和流线组织。“L”型主楼与方形裙房组成新建建筑，周围设环形消防车道和消防扑救面，建筑布局满足日照和消防要求。

合理组织基地出入口布局，南侧为医院主入口，北侧为医院次入口，东侧保留原医院出入口。在基地东南角设置污水处理设施（见图 5-3-1）。

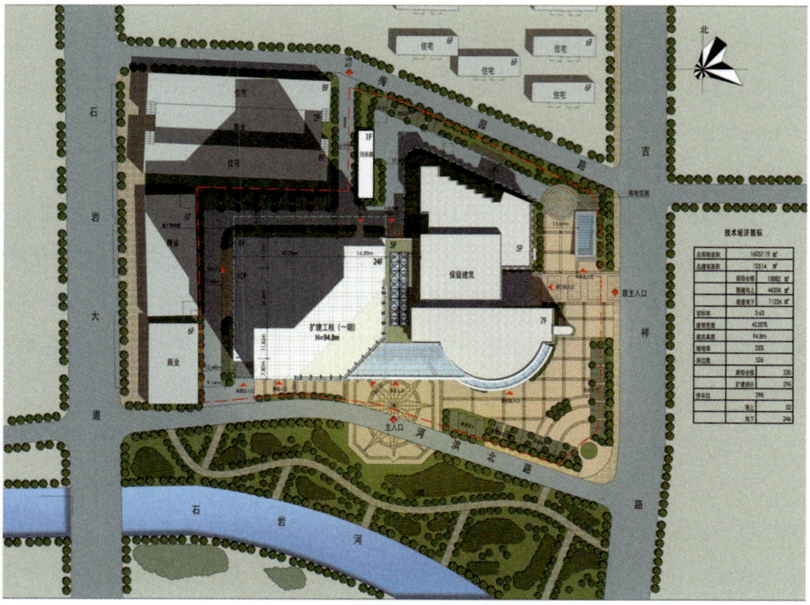

图 5-3-1

图 5-3-1 总平面图

三、基地制约因素分析与解读

1 城市设计视角下的区位景观制约因素分析解读

（1）通过与基地南侧石岩河关联，扩大了医院主入口广场，形成医院南侧较为开阔的滨河绿地景观。

（2）通过与城市东南方向羊山风景区建立视线关联，为医院病房患者提供优美的城市山林景观视野。

（3）分析结论：我们认为与南侧石岩河以及东南方向羊山风景区建立景观视线通廊，可以较好地提升医院基地环境设计品位，实现了建筑与城市景观的有机关联。

2 城市交通视角下周边道路环境制约因素的分析解读

（1）基地西侧石岩大道道路虽较宽，但有现状建筑物需保留，无法开设基地出入口。

（2）基地南侧河滨北路、北侧道路梅园路狭窄且无拓宽规划计划。

（3）基地东侧吉祥路路幅狭窄且医院大门对面有嘈杂的农贸市场，对医院人流、车流影响严重，景观较差。

（4）受城市成因的影响，目前基地周围道路均无拓宽安排，给未来医院使用带来很大的交通压力。如图 5-3-2 所示。

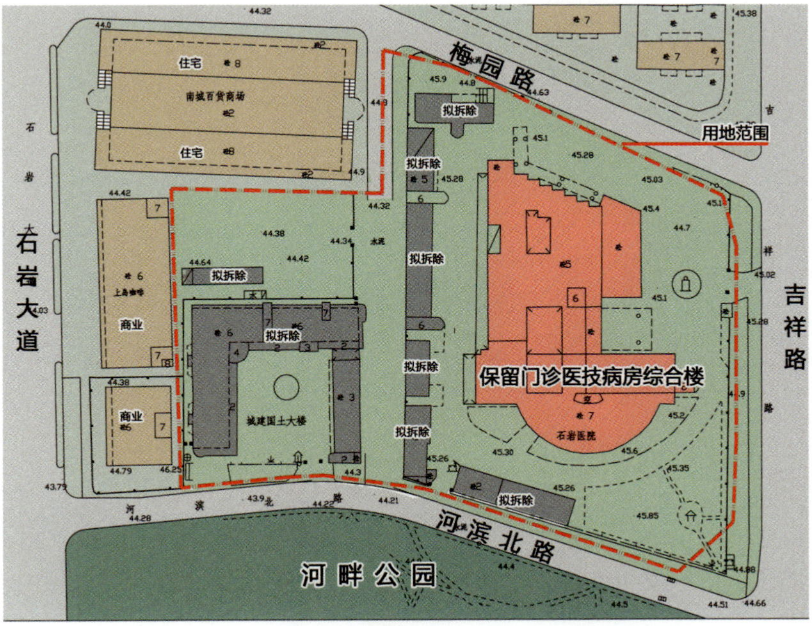

图 5-3-2

图 5-3-2 院区现状图

（5）分析结论：我们认为基地周围交通市政条件受历史成因的影响，道路宽度先天不足，尤其是除西侧道路之外的其他三条城市道路路面狭窄，人车交通混杂，更给医院的交通组织带来重大影响。

3 建筑设计视角下的建设用地制约因素分析解读

（1）基地可建用地制约因素分析。

本项目拟拆除医院原址西侧的城建国土大楼、医院值班房及基地上少量临时建筑。实际可建用地约 7000 平方米。拟在该地块建设一栋医技住院综合楼，建筑面积约 7 万平方米，600 床。建筑密度 40% 。

在基地开发利用时，应遵守当地的规划设计条件，如用地红线、地上建筑可建范围等。同时，新建建筑应考虑消防间距、日照间距以及地下室开挖范围对周围建筑的影响。规划设计条件（如图 5-3-3 所示）。

基地现状以及制约因素直接影响新建建筑的布局，本案中通过拆除城建国土大楼建设新建大楼，同时合理解决与保留门诊医技病房综合楼的医疗功能整合。分析结论：基地用地狭窄与建设规模相对较大之间存在着较为突出的矛盾，只有经过缜密的分析才能满足建设要求。

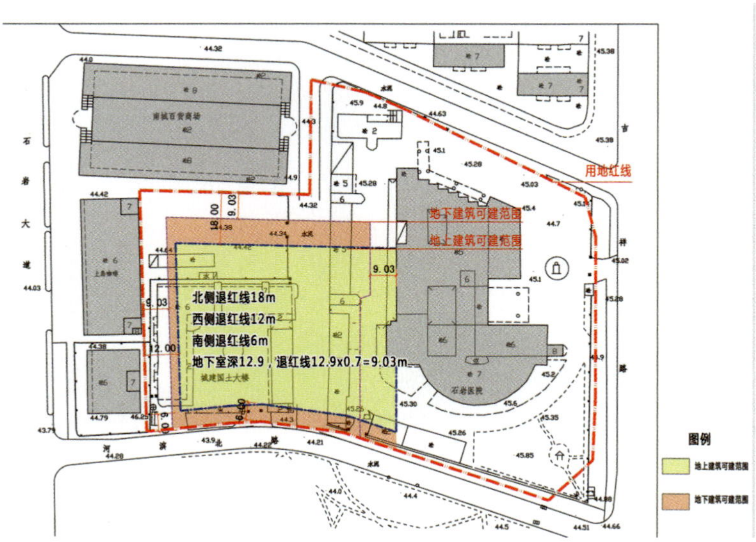

图 5-3-3

图 5-3-3 规划设计条件图示

（2）基地外围制约因素分析：日照和消防。

基地北侧为住宅，其中 1 层为商业服务网点，其权属为非医院自用砖混结构住宅。根据众智日照分析软件，北侧住宅部分在现有方案的前提下仍能满足大寒日 3 小时的日照要求，符合国家标准的要求，如图 5-3-4 所示。分析结论：我们认为通过缜密的理性分析，根据规划设计条件，划定可建范围，通过裙房退台处理和“L”型主楼形态可以解决日照等问题。

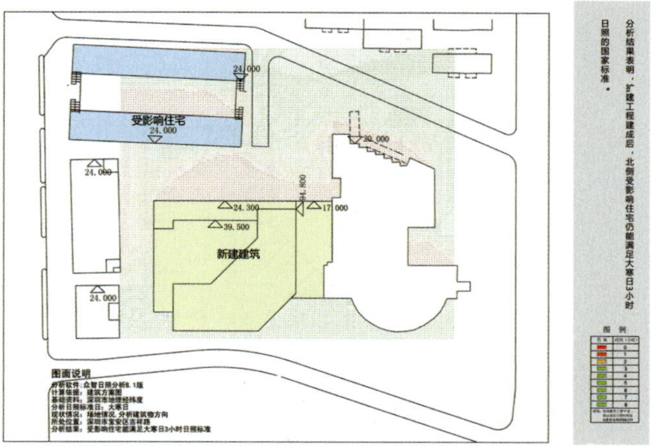

图 5-3-4

图 5-3-4 日照分析图

基地西侧为 6 层保留的框架结构的公建，其与新建建筑至少应有 13 米的消防间距要求。分析结论：通过对消防规范的理解，我们认为可以合理解决消防间距、消防车道及消防扑救面等问题。

四、从无序到有序的整合思路

1 建筑单体外部造型的“自在生成”

（1）与羊山风景区的关联：21 层“L”型病房主楼的布局充分考虑了东南方向羊山风景区的景观视线，使病房患者推窗见绿，视野开阔。

（2）与南侧石岩河的关联：在用地极为紧张的情况下，设置富有岭南特色的架空灰空间并结合石岩河滨河绿地扩大医院前区广场。

（3）与周围建筑的日照关联：经日照计算，主体建筑裙房采用南北不同标高的退台处理，可满足日照要求。采用巧妙的“L”型转角病房主楼，既合理避免了日照遮挡问题，又使主病房楼面向南侧河流以及羊山风景区。

（4）与周围建筑的消防关联：与老院区原有建筑统一协调考虑，满足消防间距、环形消防车道和消防扑救面的要求。新旧医院建筑之间一层架空作为消防车道，解决消防问题。

（5）病房标准层平面图采用单护理单元模式，护士站居中设置，平面采用单复廊结合模式组织医疗功能布局。南侧、东侧为病房，有良好的通风采光和视野条件，中间复廊部分为医生办公区。设患者走廊和医生走廊，医患分流设计，满足院感要求，如图 5-3-5 所示。

16-21层平面图 标准病房（43床） 1580m²

图 5-3-5

图 5-3-5 病房标准层平面图

2 建筑总体、单体的有序整合

（1）出入口整合思路：基地南侧设医院总出入口（开放式），单独设急诊急救、儿科、探视入口。北侧设后勤供应出入口，供车流使用，湖滨北路设地下车库出入口并开向城市道路。

（2）功能流线整合思路：急救、急诊流线，由医院总出入口通过南侧架空灰空间广场进入一层急诊急救大厅，方便快捷。门诊流线，由医院总出入口架空灰空间通过自动扶梯进入二层门诊大厅。探视流线，在南侧架空广场通过独立的“病房交通核”进入，经专用电梯到达病房楼各护理单元。供应流线，从基地北侧入口进入至主楼后勤供应中心。

（3）交通组织流线整合思路：通过外部交通与内部交通的分析，理顺人流、车流，外围为城市交通流线，内部为人行流线，实现人车分流（见图 5-3-6）。

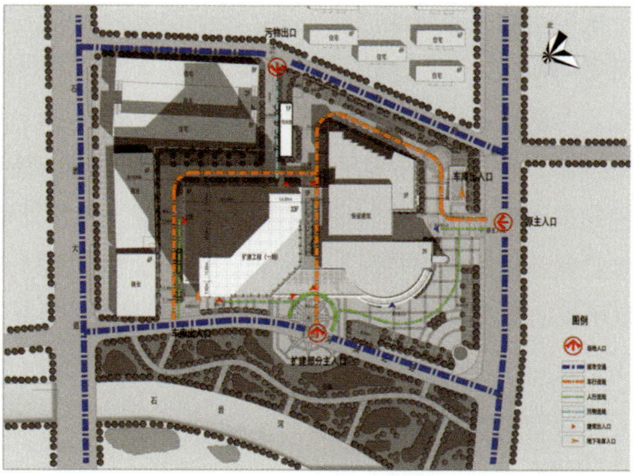

图 5-3-6

图 5-3-6 交通组织流线图

（4）停车整合思路：建立完善的院内道路交通系统，将新旧门诊医技、病房连接起来，满足医疗功能的实现。由于地面空间受限，除少量地面停车外其余主要停车在地下三层的地下室解决。

（5）建筑底部采用架空灰空间是解决狭窄用地出入口局促狭小的有效途径。架空灰空间作为“岭南园林”典型的空间形式，在南方为大家喜闻乐见，可形成较好入口景观。在高层医疗建筑入口广场非常局促的情况下，采用架空灰空间，将就医人流引入到建筑灰空间内，可缓解入口交通的拥挤同时为室内的通风采光提供了良好的条件。同时首层入口架空透视内景，入口灰空间的处理，使室内外空间融合，符合岭南空间的特质。解决用地狭窄带来的交通拥挤问题。总体可改善室内空间环境品质（见图 5-3-7、图 5-3-8）。

图 5-3-7

图 5-3-8

图 5-3-7 首层入口架空平面
图 5-3-8 首层入口架空灰空间内景

(6) 对于狭窄用地的医院改扩建工程，不同功能分区设置不同的垂直交通核心是维持室内就医人流秩序的必要保证。在底层架空中分散布置不同功能的交通核心，为梳理不同交通奠定了良好的内部交通秩序，巧妙地解决了不同人流交叉问题。医技交通核满足 1~10 层医技患者使用；病房交通核满足 10~22 层病房的患者使用；污物交通核在西北角布置，与室外污物出口关系良好，实现入口就医拥挤人流快速有序分流。我们认为将主楼交通核心分组布置，各自赋予其功能，可以实现交通分流的目的，如图 5-3-9 所示。

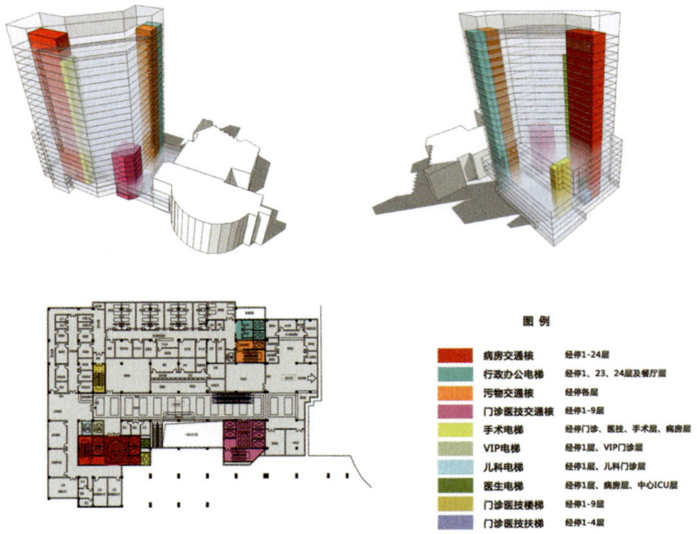

图 5-3-9

图 5-3-9 交通核心分析图

3 新旧建筑之间的有序融合

新旧建筑良好的造型关联使整组建筑风格统一，避免出现“各自为政”的无序。主楼的垂直线条特征与旧楼的水平线条特征形成建筑美学上的对比，具有建筑学意义上的有序。内部交通、流线以及连廊设计也使旧楼无序的医疗流程得到了有序的梳理，实现了由无序到有序的终极目标。通过用地分析，方案体现了新旧建筑之间在形态构成、出入口、流线之间的规律和布局特点。如图 5-3-10 所示。

新旧建筑在南侧主入口采用架空以及连廊组织，使新旧建筑浑然一体，在缓解入口交通压力的前提下，体现了岭南建筑的空间特征。如图 5-3-11、图 5-3-12 所示。

从南侧石岩河一侧完整地展示了良好的新建病房综合楼的外部景观。如图 5-3-13 所示。

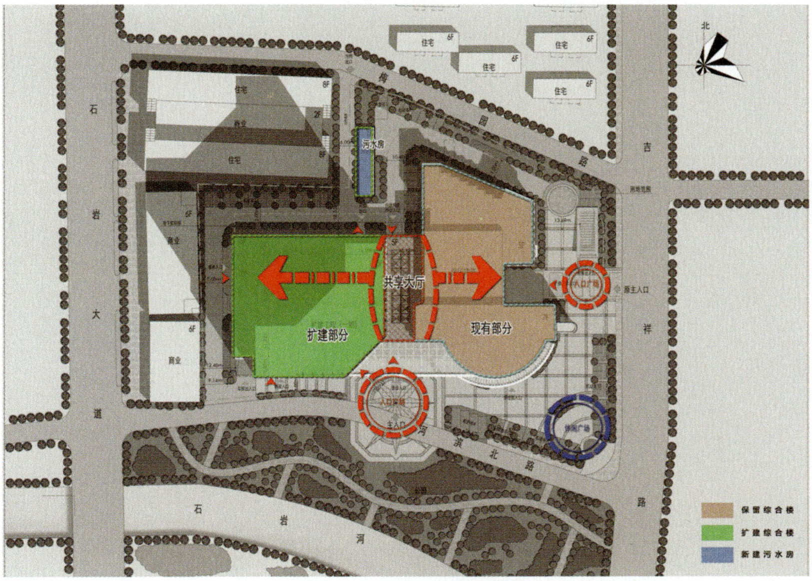

图 5-3-10

图 5-3-11

图 5-3-10 新旧建筑关联图
图 5-3-11 新旧建筑整合后效果图

图 5-3-12

图 5-3-12 新建病房综合楼入口实景

图 5-3-13

图 5-3-13 新建病房综合楼南侧实景

东营市立儿童医院

04

地点:	山东.东营
时间:	2011-2014
项目主创建筑师:	李维东
合作建筑师:	索慧波
床位数:	350床
基地面积:	22626平方米
总建筑面积:	25790平方米
建筑高度:	37.10米

东营市立儿童医院
东营市立儿童医院
东营市立儿童医院

凤凰涅槃 “烂尾”重生

文 / 索慧波

东营市立儿童医院的前身是一所建造于 20 世纪 90 年代的废弃商场。因商场用地与东营市人民医院隔河相望，地理位置较为理想，所以被选为建设场地。但是用地上对这座废弃建筑如何处理呢？通过详细的实地勘察与研究，我们认为这座建筑可以保留并在其基础上进行改扩建设计。

一、利用烂尾楼，有节制地内外改造

改造建筑首先要对被改造对象有充分的了解与勘察，才能确定其是否可以被利用。这座建设单位原计划拆除的商场烂尾楼（见图 5-4-1），经现场勘察后发现：原有建筑柱网 8000 毫米 ×8000 毫米、8000 毫米 ×6000 毫米，适合医院平面功能的布置；首层层高 5400 毫米，其余层高 4900 毫米，净空满足医院功能需要；原商场活荷载设计值 3.5 千牛 / 平方米，而医院病房的楼面活荷载设计值只需要 2.0 千牛 / 平方米有很大余地；最后，经过鉴定，梁、板、柱质量良好。基于以上原因，本着在《绿色医院建筑评价标准》 “创新”项中明文鼓励的“充分利用尚可使用的旧建筑”的绿色医院建筑设计理念，我们决定保留原有建筑，并加以改造形成“新医院”。

图 5-4-1

图 5-4-1 商业烂尾楼改为废弃商场

充分利用原有建筑、有节制地内外改造是我们遵循的设计原则。首先，从整个平面布局来看，原有商场中庭仅集中在中间两跨，开口面积较小，且中庭屋顶位于 5 层，不利于病房楼的采光通风，因此在改造中我们将中庭范围扩大至四跨，同时将屋面降至二层，增加了采光通风面积。其次，原中庭内只有一部开敞楼梯，而电梯位于商场的两个角部，离主入口较远，使用不便。我们将中庭的开敞楼梯拆除，另外加设 4 部电梯，这样电梯设在中间位置，正好可以将东西两侧分成两个尽端，便于平面的布置，而且电梯核心筒的剪力墙还大大增加了结构的强度。最后，原有建筑南侧中间一跨是断开的，对抗震不利，也不能满足医院建筑消防疏散距离的要求，因此在改造中我们将中间跨补上，设置阳光室，一举多得（见图 5-4-2、图 5-4-3）。

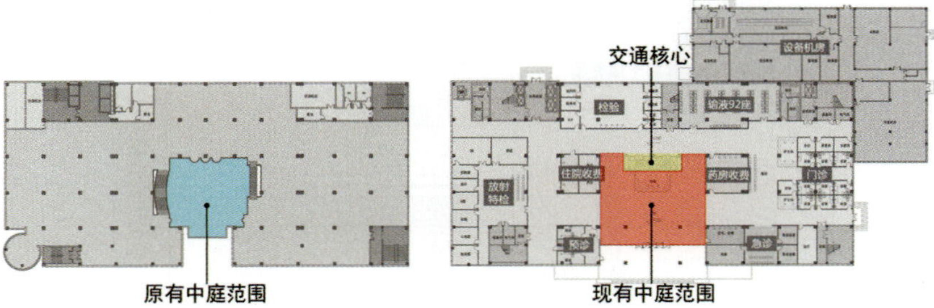

图 5-4-2

图 5-4-3

图 5-4-2 改造中将原有中庭扩大至四跨
图 5-4-3 改造中补上南侧中间跨设置阳光室

原有建筑是商业功能，改造成医疗功能后，面对的是如何解决医疗配套的卫生间等附属房间的降板问题，考虑到原来的商业功能结构荷载留有余地，我们将楼板增加 90 毫米的轻混凝土填充层，既减少楼板传声，降低噪声，又为卫生间防水做法提供了空间，避免了改造项目因为没有降楼板而使卫生间地面高于同层楼面的现象，以方便人们使用（见图 5-4-4）。

在立面改造上，原有商场的立面以实墙面为主（见图 5-4-5），设计中充分利用其框架结构形式，在不影响主体结构的前提下将填充墙体拆除，根据医疗功能需要及立面效果，砌筑窗间墙体及安装幕墙，形成极具现代感的立面形式（见图 5-4-6）。

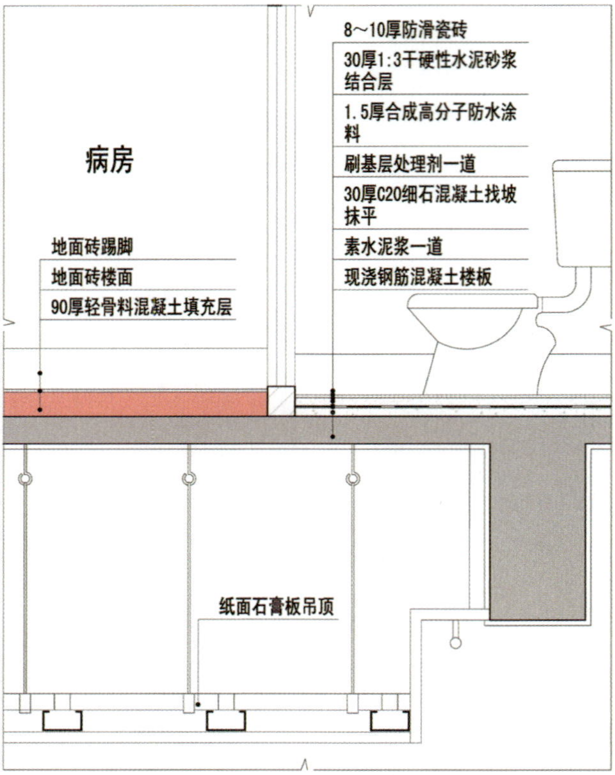

图 5-4-4

图 5-4-5

图 5-4-4 楼面做法节点详图
图 5-4-5 改造前封闭的商业立面形式

图 5-4-6

图 5-4-6 改造后形成极具现代感的与医疗功能相符合的立面形式

二、注重规划，以总院为依托

东营市人民医院总体规划为“一体两翼”的医疗建筑格局，“一体”为中部医院主体，“两翼”为西侧的儿童医院和东侧的老年乐园。急诊内科病房楼位于主体医院的西南位置，与新建的市立儿童医院相隔一条东护城河（见图5-4-7）。在规划中，我们于护城河上部架空设置绿化休闲广场，将两者前广场联通起来，就诊人流可通过广场左右分流进入相应就诊区域。由于儿童医院复杂病儿相对较少，而且 70% 左右的手术可以采用日间手术，因此取消儿童医院专用手术室，通过二层连廊与急诊内科病房楼相连，充分利用东侧总院二层手术室。通过地面广场的联通及连廊的设置，形成以总院为依托，儿童医院相对独立又与总院有机联系的规划格局。

图 5-4-7

图 5-4-7 儿童医院与人民医院隔河相望

三、功能布局合理，流程优化，方便就医

整个医院功能分区明确，布局清晰合理：一层为急诊、门诊、医技及设备用房；二层为康复科门诊及康复病房；三至五层为标准护理单元（每层 2 个护理单元，每个护理单元 35 床）；六层为新生儿病房及 ICU；七层为标准护理单元及办公用房。底层为人流量最大的急诊、门诊、医技功能（见图 5-4-8、图 5-4-9）。由于儿童就医模式和疾病谱与成年人不同，发病急诊量大，为方便管理使用，本工程将门诊和急诊两个区域合为一体，安排在大堂右侧，检查科室安排在大堂左侧，输液设在大堂东北角，与门诊、药房相邻。此番布置一是受原有建筑平面限制，大堂北侧进深浅，常规检查科室与门诊临近的布置方式无法实现；二是化不利因素为有利因素，为医疗流程的调整提供条件。门诊 80% 的儿童患者都是常见病、多发病，需要配合做血常规化验及拍片检查，常规就诊流程是先挂号、排队就医开单化验、取得结果、转回再排队就医，就诊流线反复。调整医疗流程后通过预诊分诊，需要化验检查的，直接开单检查，取得结果再去诊室就医，之后在临近的药房取药、输液；不需要检查的，直接去诊室就医。流程优化后，减少了排队等待的过程，缩短了就医的总体时间，并且将门诊、检查的大量候诊人群提前分流，减少了人流密度，提升了空间舒适度。

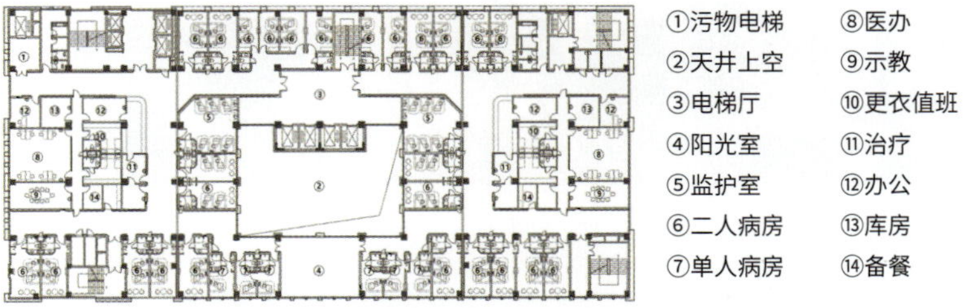

图 5-4-8

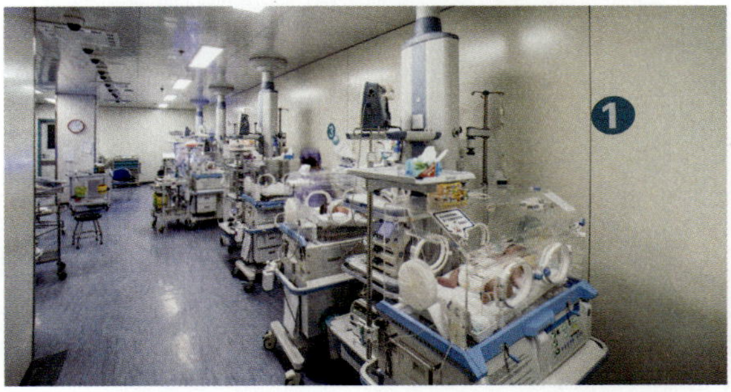

图 5-4-9

图 5-4-8 病房标准层平面图
图 5-4-9 NICU 单元内景

四、扩大公共空间，重视等候、陪护、交流空间

针对儿童需要家长陪伴就医且年龄越低、陪伴的人数越多的现况，我们在设计中适当扩大公共空间，营造舒适的就医环境。改造中扩大首层大堂，设置咨询导医台，疏松人流密集区域，方便人流分流。在就诊区域设计宽敞的候诊空间，满足患儿及陪护人员的需求。

为了缓解陪护家长的焦虑及患儿对医院的恐惧情绪，设计中着力营造人员密度低又相对安静独立的友好空间。在病房区主要交通核心两侧设计交往空间，陪护家长可在这个区域相互交流，舒缓焦虑情绪。在两个护理单元之间设阳光室，为儿童提供一个享受阳光和自然的场所，内部摆放供儿童使用的滑梯、跷跷板和秋千等娱乐设施，患儿可以运动、互动，通过游戏消除恐惧（见图 5-4-10、图 5-4-11）。

图 5-4-10

图 5-4-11

图 5-4-10 扩大后明亮的医院大堂
图 5-4-11 可供患儿玩耍的阳光室

五、绿色设计，重视自然采光与通风

设计中贯彻“四节一保”的理念，即节能、节水、节材、节地，保护环境和减少污染的绿色设计理念，设置屋顶花园，引入太阳能热水系统，优化空调和照明系统，采用土建与装修一体化设计，实现绿色医院的设计目标。

设计中重视自然通风与采光，减少了空调、照明能耗，大大降低了后期的运行成本，建筑白天日常运行基本不需要开灯采光。扩大的建筑中庭空间在三楼以上成为室外采光井，沿其周边布置病房、走廊、交通核，实现主要功能房间及公共空间的全明设计。对于难以实现直接采光的医生走廊，在有节制改造的设计原则下，未强加采光井，而是通过大面积玻璃隔断的设置，引入光线，实现间接采光，于细微之处体现设计者对于绿色医院设计的理解与领悟（见图 5-4-12、图 5-4-13）。

图 5-4-12

图 5-4-12 利用天井实现自然采光通风

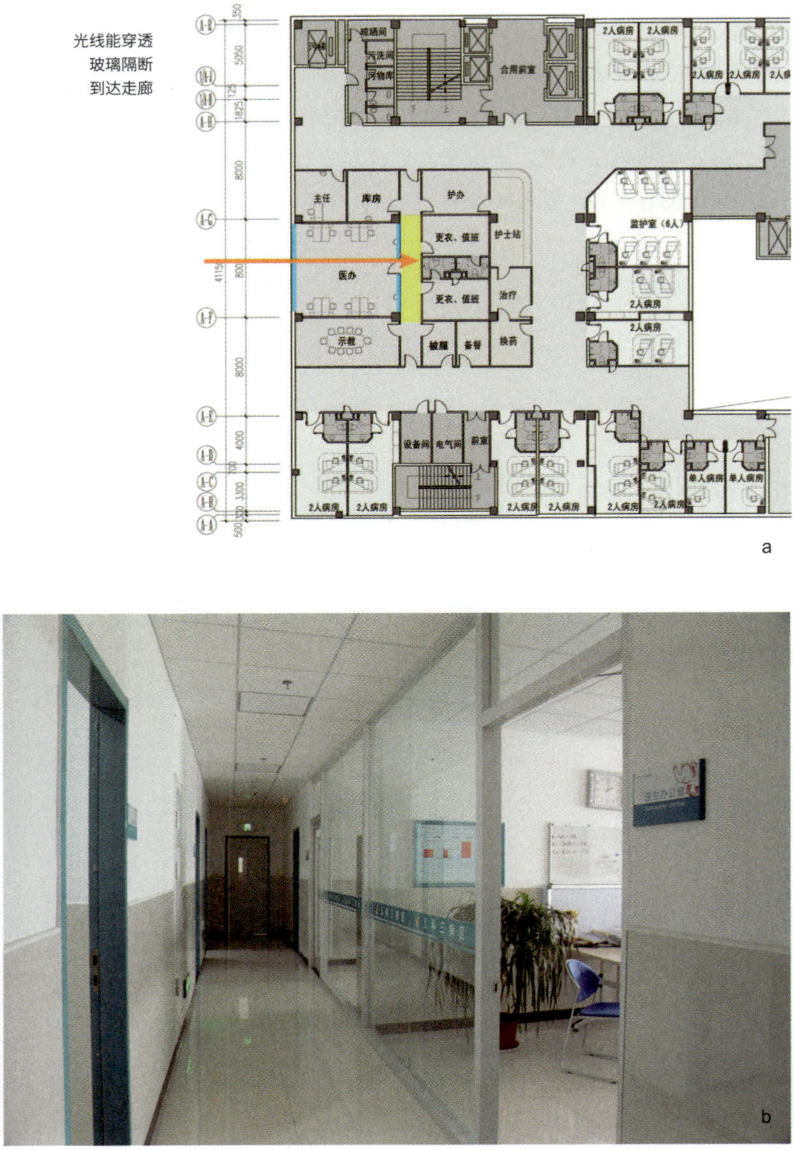

图 5-4-13

图 5-4-13 玻璃隔断为医护走廊带来柔和的自然光线

六、室内设计充分考虑儿童心理

东营是黄河入海口，黄色的河水与蓝色的海水在此碰撞交融，因此儿童医院整个室内装饰以海洋元素为主题，以黄、蓝两色为主色调，营造自然、亲切、活泼、有序的就医环境。候诊区域温馨活泼，提取海的蓝色和波浪的动感曲线作为设计元素，以鲜亮的色彩塑造宽敞明亮的候诊空间，舒缓患儿的紧张心理。病房区域每一楼层都有代表性的色彩和卡通形象，主交通和电梯厅墙面设计草原、沙滩、海洋、雪地等不同风格的主题画，奶牛、贝壳、热带鱼、雪人等形态各异的卡通形象，有效柔化医院空间氛围。护士站色彩清新醒目，利用圆形吊顶作为设计的活跃元素，转角墙面采取切角处理，扩大护士站的视线范围并大面积地引入卡通元素设计张贴画，营造轻松、童趣化的氛围。病房走廊墙面布置儿童小画家创作的儿童画，分散患儿注意力，也表达了同龄孩子间的真诚祝福（见图 5-4-14）。

图 5-4-14

图 5-4-14 内部空间实景

七、结语

烂尾重生，凤凰涅槃，东营市立儿童医院（见图 5-4-15) 项目通过改造，使烂尾楼重新焕发了生机，充分利用尚可使用的旧建筑，节约了建筑材料和大量能源，缩短了建设工期，实现了绿色医院的设计目标。投入使用后，运行良好，精心设计的建筑空间、过硬的软硬件设施、细分的专业科室，使儿童就医环境得到明显改善。

对“度”的把握是旧建筑改造项目设计的重点，我们秉持有节制改造的原则，从大局出发，把握“拆”与“改”的平衡点，实现了医疗旧功能与新功能的完美转换，希望在这方面进行的探索对后来者有所启发。

图 5-4-15

图 5-4-15 南立面图

东营市人民医院急诊急救中心暨内科病房综合楼

05

地点:	山东.东营
时间:	2012-2015
项目主创建筑师:	李维东
合作建筑师:	索慧波
床位数:	800床
基地面积:	89555平方米
总建筑面积:	95597平方米
建筑高度:	92.00米

山东省立医院集团东营医院
东营市人民医院
东营市急救中心
东营市人民医

动态发展理论的实际应用

文／索慧波

项目用地位于山东省东营市，这里是山东省北部黄河三角洲地区，中华民族的母亲河——黄河，在市内流入渤海；这里是胜利油田驻地，有丰富的石油、天然气资源以及海洋资源；这里被称作“共和国最年轻的土地”。建市20多年来，社会经济快速发展，已经成为黄河三角洲的中心城市和核心区域。

随着东营市经济的快速发展，一方面，城区人口也迅速增加，原有的医疗资源已不能满足群众需求。另一方面，东营市人民医院在2011年并入山东省立医院集团后，业务量也有了大幅度的提升，院内原有的基础设施已不能满足医院发展的要求，因此医院决定将院内原有的一座5层急诊楼拆除，新建一座全新的急诊急救中心及病房综合楼来承担整个片区内的急诊急救任务，并改善院内现有的医疗设施条件。

一、以动态发展理论为指导的总体规划

在面对这样一个在老院区内的新建项目时，注意力并不能仅仅局限于新建的单体建筑，而是应着眼于院区的总体规划，希望以此次扩建为契机，对老院区进行更新与改善。

首先，要对院内功能进行梳理。院区内原有建筑多建设于20世纪八九十年代，只有目前正在使用的一座门诊医技病房综合楼较新，建设于2000年，处于院区的核心位置。本期项目的建设场地位于院区西南角，用地上有一座现状4层门急诊楼需要拆除，门急诊楼东侧是现有的1号病房楼及办公楼，北侧是3号病房楼，西侧是加速器机房及保健楼，3号病房楼北侧自西向东分别是告别厅、污水处理站和职工食堂及礼堂；院区北侧原来是一所学校，经城市规划部门调整，将学校作为医院远期发展的预留用地。院区内门诊、医技、病房、保健功能散乱，洁污分区不明确，需要梳理整合（见图5-5-1）。

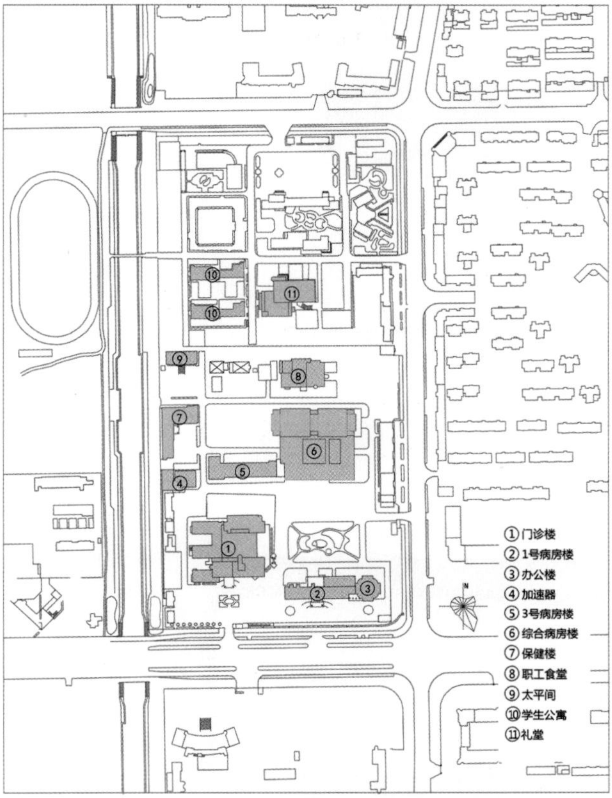

图 5-5-1

图 5-5-1 东营市人民医院原院区改造前平面图

其次，在后期的总图规划设计中，尝试了多种布置方式，尤其是在本期建筑单体的布局方式上做了两种比较：一种是主楼在北侧，裙房在南；另一种则反之，主楼在南，裙房在北。两种布局方式各有利弊。如图 5-5-2 所示，按正常布局方式，大部分人会选择第一种，从单体角度来讲这是比较合适的，避免裙房落在主楼的阴影中，符合国人坐北朝南的审美习惯，也能与院区现状的主体建筑形式有所统一。

经过对总体规划的仔细考量后，主楼在南的方案具有更多的优势。首先主楼在南，拉开了与现状建筑高层病房楼的间距，新建高层对原病房楼不遮挡。其次裙房在北，从总体规划的角度出发，这样的布局有利于北侧的医技门诊继续向北延伸，与二期医技衔接，并同现状的门诊医技形成一个共享组团。这样的大平面布局方式更利于功能的布置和资源的共享，也为以后内部功能的调整预留了条件（见图 5-5-3）。

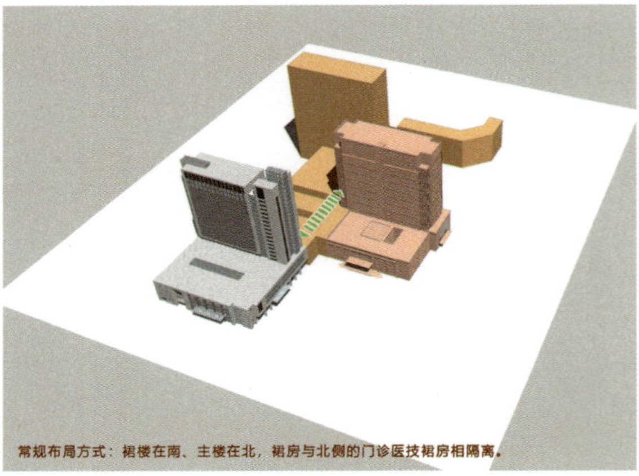

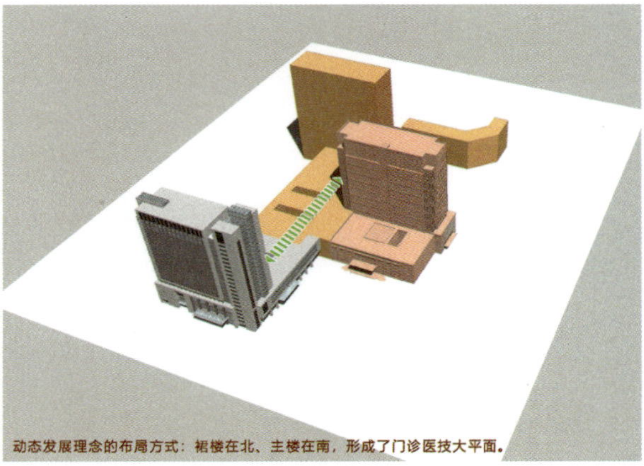

图 5-5-2

图 5-5-2 新建急诊急救中心的两种布局方式

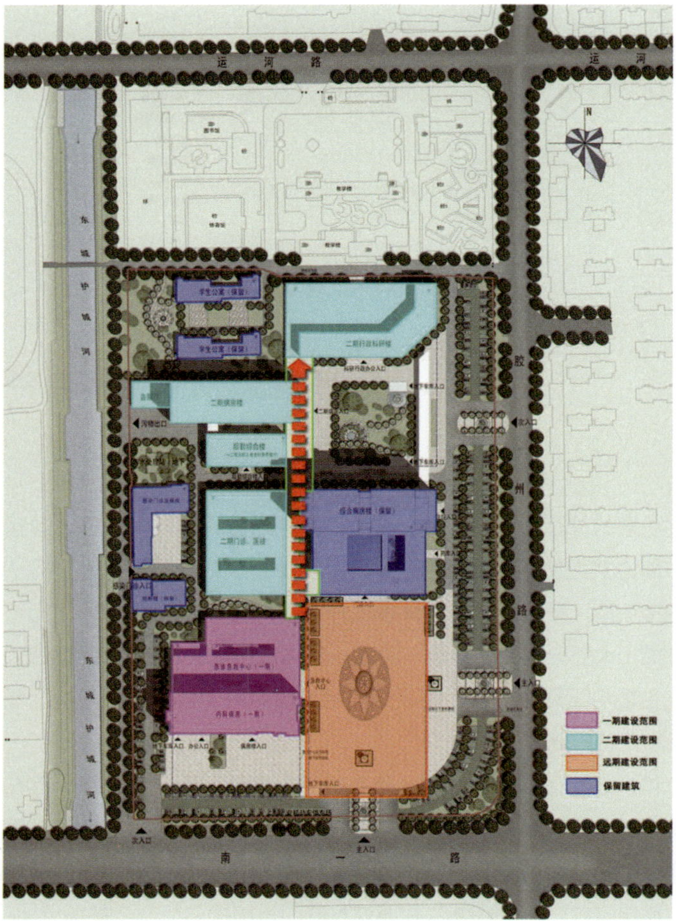

图 5-5-3

图 5-5-3 院区分期建设示意图

医院功能继续向北发展，形成后勤综合楼和二期病房楼，在学校位置建设远期行政科研楼，最终形成医院核心医疗区和行政办公教学区。本期工程建设好后，将保健病房迁入，原保健病房改造成感染门诊及病房，与污水处理站、告别厅形成污染区，由院区西侧的独立入口进出，尽量减少对院区的影响（见图 5-5-4）。

可以看出，动态发展理念贯穿了院区规划的始终，接受一时的不完美，是为了实现最终的完美。虽然某一段时间内因为使用要求或是现状的限制，医院功能是有所欠缺的，但是通过逐渐的改造和建设，最终可以实现分区明确、规划合理、建设有序的总体布局方案，同时也为未来发展留有很大的余地。

图 5-5-4

图 5-5-4 一期建成后院区鸟瞰

二、为未来提供应变的功能设计

急诊急救中心：秉承医院“大急诊”的设计理念，整个急诊急救中心面积为 3000 多平方米，为医院建设成为全东营市的急诊急救中心预留了充分的发展空间。共设 A、B、C 三个抢救区，均采用大空间布局，使用时可以灵活分隔，及时调整，提供了极大的应变性。急诊急救中心大厅及室外广场还可作为应对突发医疗事件的抢救场地。

手术部：除设计了 7 间常规手术室外，还设计了两台 DSA 手术室，这种设计方式有别于一般医院将介入手术单独设置的布局方式。经与院方协商讨论，我们认为这是一种值得推广和探索的新的布局方式，将 DSA 设于手术部内，在介入手术发生不测时，可以就地抢救，避免将患者来回移动造成的伤害及时间延误。还可以利用 DSA 的手术设备，建成杂交手术室，利于提高医院的医疗实力。

图 5-5-5

图 5-5-5 院区入口实景

图 5-5-6

图 5-5-6 主楼南立面

图 5-5-7

图 5-5-7 病房探视入口雨棚特写

图5-5-8
图 5-5-8 从西侧护城河对岸看主楼

图 5-5-9

图 5-5-10

图 5-5-9 急救中心门厅
图 5-5-10 利用天窗采光的急诊走廊

图 5-5-11

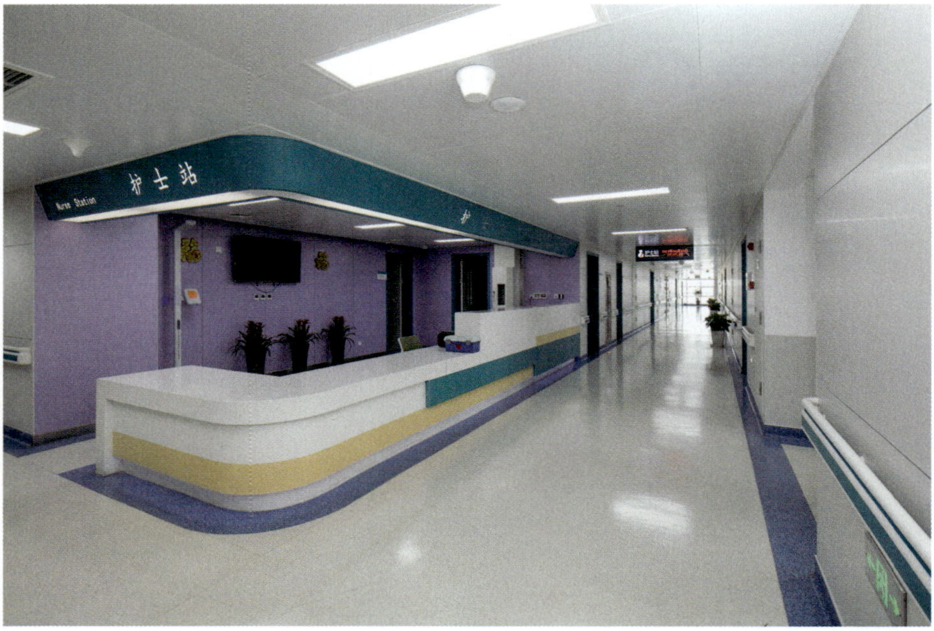

图 5-5-12

图 5-5-11　内庭院中的采光天窗
图 5-5-12　病房标准层内景

图 5-5-13

图 5-5-13 暮色中的急诊急救中心

莒县人民医院新院区

06

地点:	山东.莒县
时间:	2012-2018
项目主创建筑师:	李维东
合作建筑师:	索慧波
床位数:	1600床
基地面积:	104631平方米
总建筑面积:	166970平方米
建筑高度:	81.50米

莒县人民医院
青岛大学医疗集团莒县医院

革命老区的红色医院

文 / 索慧波

莒县人民医院新院区工程设计始于 2012 年，经过为期一年半的设计及漫长的建设、验收过程，项目已于 2018 年年底正式竣工并投入试运行。本工程位于山东省日照市莒县，这里曾是春秋至战国初期莒国的都城所在地，陵阳河遗址出土的原始陶文，比甲骨文早了 1500 多年，是有据可考的中国文字的始祖。

一、革命老区的红色医院

除了有千年的悠久历史，莒县还是红色革命老区。莒县境内有一座横山，凭借着其易守难攻的自然屏障，形成了名闻鲁东南的横山抗日根据地，战争年代素有鲁东南“小延安”之美称。1940 年抗日战争进入艰难时期后，中共各级党、政、军机关曾移驻横山根据地，这里既是坚持抗战的指挥中心，也是广大抗日军民所依托的强大后方。

莒县人民医院前身为创办于 1943 年的莒县利民药房，1948 年迁址县城，更名为莒县大众诊所，1949 年更名为莒县县直医院。在炮火纷飞的战争年代，就为根据地的百姓提供了大量的医疗救治服务，可以说这是一座具有悠久革命历史的“红色医院”(见图 5-6-1)。

图 5-6-1

图 5-6-1 院区全貌

为了将医院的“红色”历史铭记并传承，我们在医院裙房东西南侧外立面上设计了红色陶土百页固定遮阳系统，既兼顾了遮阳节能，又形成了医院独特醒目的立面形式。主楼采用白色仿石材保温一体板作为主色调，与红色陶土百页同色的真石漆窗下墙作为点缀，与裙房呼应的同时又给素洁典雅的建筑形象增添了些许活泼色彩（见图 5-6-2）。

图 5-6-2

图 5-6-2 西立面陶土百页固定遮阳系统

二、兼顾远期发展的“模块化医疗街”布局形式

项目用地较为方正，一期门诊医技病房综合楼位于用地中央，由南向北依次布置门诊、医技、病房，形成南北向的医疗功能主轴线。轴线两端连接南侧的门诊广场及北侧的探视广场。一期工程的东西两侧规划两栋二期病房楼和急救产科中心（西侧）及科研中心（东侧），用地西北角有一栋 5 层高的已建成的精神卫生中心。为与其呼应在用地东北角规划一栋远期病房楼，将总图构图完形的同时也为医院发展预留更大的空间（见图 5-6-3）。

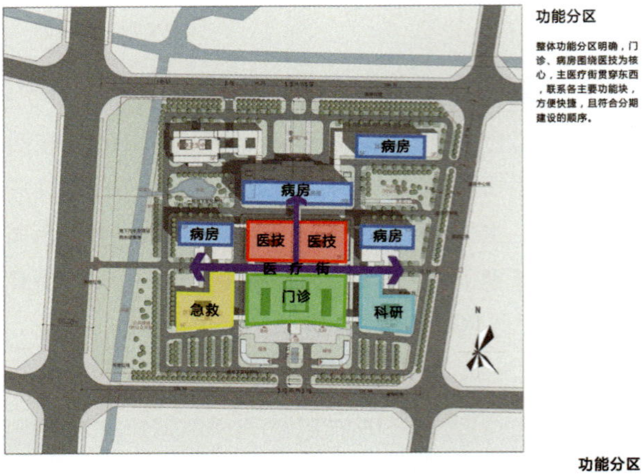

图 5-6-3

图 5-6-3 院区总体规划平面图

在平面布局的时候，考虑到未来连接东西两翼二期功能的需要，我们采取了倒“T”字型的医疗街形式。门诊部分沿横向的医疗街展开，医疗街中部是四层通高的门诊大厅，东西两侧各两个标准诊区模块，随着功能的发展，医疗街可以继续向东西延伸，连接二期的急救产科中心和科研中心，形成医院的生长式发展（见图 5-6-4）。这也是“模块化和医疗街”这种长效设计手法在实际工程中应用的典型案例。

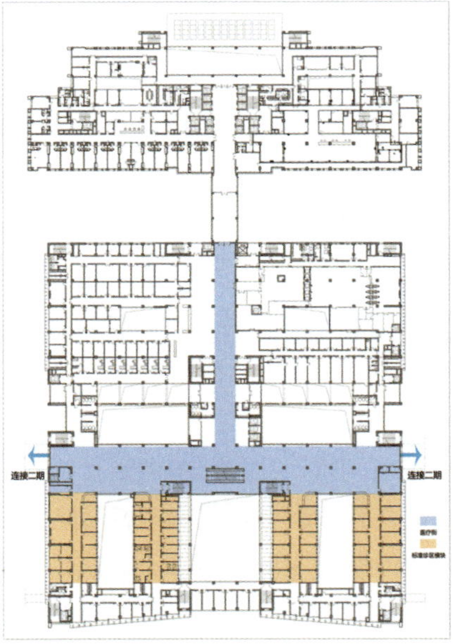

图 5-6-4

图 5-6-4 二层平面图

三、经济合理的结构形式选择

本工程建设场地位于著名的郯庐大断裂临沭断裂带上，分别距昌邑 - 大店断裂及安丘—莒县断裂约为 1000 米和 9000 米，抗震设防分类为重点设防类别（乙类），工程地震作用计算采用的抗震设防烈度为 8 度，地震动峰值加速度 0.30g。

由于抗震设防烈度较高，根据计算，若采用常规的混凝土框剪体系，剪力墙及柱截面尺寸非常大，严重超筋，并且导致标准层可用面积严重削减。

经过结构专业的反复商议与计算，综合考虑了结构适用高度、安全、经济等因素，最终我们在本工程中确定采用钢框架 - 中心支撑体系（见图 5-6-5）。利用钢支撑作为主要抗侧力构件，钢框架主要承担竖向荷载。采用这种结构体系的好处一是可以满足装配式建筑的要求，本工程病房楼入选了《住建部 2016 年装配式是建筑科技示范项目》；二是施工简单快捷、结构构件产品质量稳定可控；三是可以大大减轻建筑自重，使原来需要采用人工地基改为采用天然地基，基础形式为柱下筏板基础，节省了大量的基础及施工造价。

当然钢结构病房楼与框架 - 剪力墙形式相比，还是有其特殊性的。首先要解决钢结构支撑与平面布置的冲突，钢结构支撑形式有“X”型、“V”型和“人”型，经常会发生走廊或房间开门位置与支撑发生冲突的情况。这时，就需要仔细计算矛盾处的通行高度是否满足要求。

其次是钢结构的防火问题，需要对主体结构进行防火处理，保证结构的安全性。本工程中采取了涂刷厚涂型防火涂料的处理手法，保证梁柱的耐火极限均达到设计防火规范要求，保证了主体结构在火灾时的安全性。

再次就是要重视钢结构与装修的结合问题。由于钢支撑的存在，部分房间内会出现较大的斜梁，这时应与装修设计单位协商沟通，如何将这些尺度较大的支撑与室内设计相结合，变成室内设计的特色。或是利用钢支撑间的空间，布置各种储物空间，提高空间利用率。

图 5-6-5

图 5-6-5 透过窗户可见内部的支撑构件

四、被动式节能策略的应用

由于医院建设在经济欠发达的革命老区，因此在设计中，我们并没有采用“高大上”的节能设计手段，而是采取了经济实用的被动式节能设计策略。

外立面采用红色陶土百页固定遮阳系统，既满足了节能要求，又兼顾了后期安装、检修与维护的条件，如图 5-6-6 所示。

图 5-6-6

图 5-6-6 固定式百页为安装维护提供条件

在内部设多个室内共享中庭及室外天井，尽可能与公共走廊相连，在使绝大多数内部空间在获得自然采光的同时，能组织形成有效的自然通风；在一层无法设置内天井的位置也尽量开设屋面采光窗，因此平面尺寸虽然巨大，但是内部的自然通风采光条件仍然很好，为医患人员提供舒适的工作就医环境，同时大大降低了后期运行的成本，如图 5-6-7 所示。

在裙房的东侧和西侧设置下沉到地下的采光天井，将光线引入地下，大大改善了地下空间的品质，同时改善了地下设备用房的通风及采光条件，有效减少设备因位于潮湿的地下室而产生的易锈蚀的问题。在室内大量设置高窗和玻璃隔断，增加室内光线，减少照明能耗；标准护理单元中，部分医护用房位于平面中部而难以获得光照，在这些部位，我们设置大量的高窗和大玻璃窗及玻璃隔断，将光线尽可能地引入室内，改善室内光环境，如图 5-6-8 所示。

这些朴素的被动式节能策略，并不会大幅增加建设成本，但确实可以有效地降低医院后期运行的成本，就像革命时期，我们用“小米加步枪”就战胜了侵略者的洋枪大炮，这也是朴素革命精神的一种传承。

希望通过精心的设计，这座崭新的红色医院在新时代仍能继续发挥“救死扶伤”的革命精神，成为医疗行业内一颗永远闪亮的“红星”！

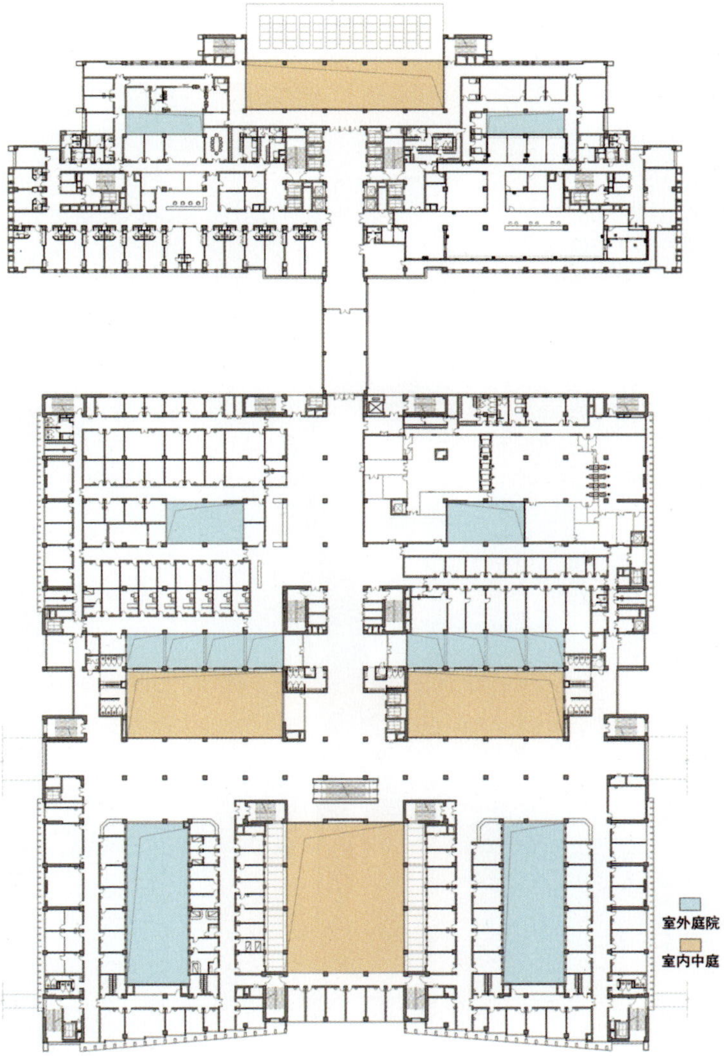

图 5-6-7

图 5-6-7 天井和中庭有效减少内部黑房间

图 5-6-8

图 5-6-9

图 5-6-8 明亮的门诊大厅
图 5-6-9 地下室餐厅中的采光天窗

图 5-6-10

图 5-6-11

图 5-6-12

图 5-6-10 远眺院区全景
图 5-6-11 西南侧外观效果
图 5-6-12 门诊主入口

内蒙古自治区儿童医院、妇产医院、妇幼保健院三位一体新建项目

07

地点:	内蒙古.呼和浩特
时间:	2015-2019
项目主创建筑师:	钱宁亚
合作建筑师:	王健 贾音 李水源 潘旭
床位数:	840床
基地面积:	116889平方米
总建筑面积:	148686平方米
建筑高度:	59.85米

内蒙古自治区妇产医院

草原明珠

文 / 钱宁亚

本项目为内蒙古自治区儿童医院、妇产医院和妇幼保健院“三位一体”一同外迁新建的一所三级甲等医院，主要的医疗功能包括：围产医学保健，妇女医疗保健和儿童医疗保健。

一、地域特色在规划中表达

提取蒙古包中的构图结构，用于中轴线上的入口门厅和学术交流厅，在现代造型中通过异化来表达民族特色，并强化了入口空间（见图 5-7-1、图 5-7-2）；用对称“L”型病房楼山墙和屋顶形成连续的白色条板隐喻飘动着的洁白哈达，寄托着美好的祝愿；白色条板上镌刻着蒙古族回文符号，洋溢着民族特点和民族情趣（见图 5-7-3）。

图 5-7-1

图 5-7-1 入口空间立意分析

图 5-7-2

图 5-7-2 学术交流中心入口

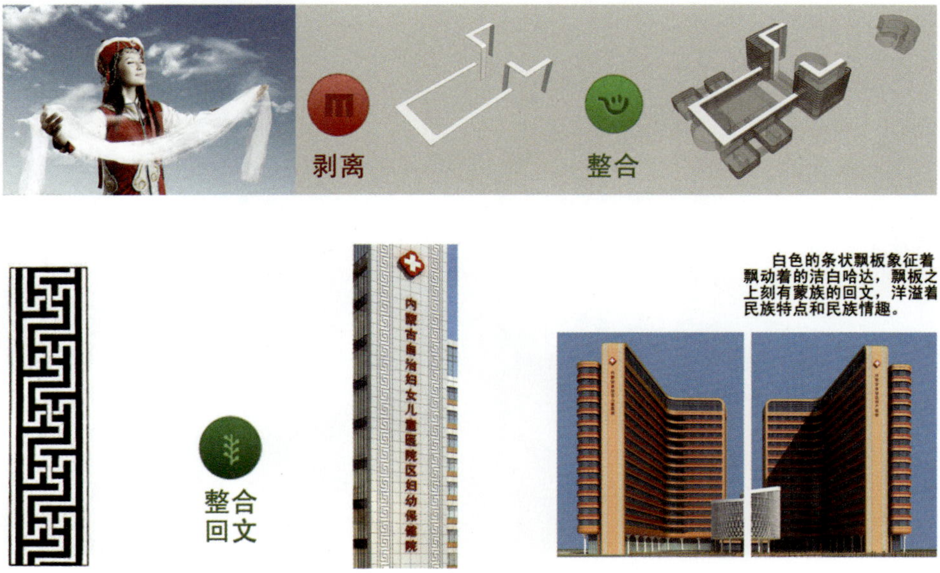

图 5-7-3

图 5-7-3 飘板立意分析

二、妇幼特色

针对妇幼医院就医人群的特殊性，医院除了解决妇女儿童基本的医疗救护问题，还要为他们提供一种友好的、家庭般的、温馨的就医环境。方法不是简单地在一所成人综合医院的基础上，加上鲜艳的色彩和图案，而是将浪漫的情调融合在建筑中，通过建筑单体的布局，内部小空间、小庭院的穿插，功能流程的合理化以及小功能区域的人性化设计，营造如家般温馨的内部环境（见图 5-7-4）。

图 5-7-4

图 5-7-4 门诊大厅内景

门诊梭形的入口大厅，晶莹剔透，像母亲用柔软的臂膀将孩童稳稳地托起。而这个“负阴抱阳”的格局，象征着一个双手环抱“掌上明珠”的母亲。象征女性柔美气质的曲线形成本工程最大的特点。整个建筑简洁、舒展、流畅的横线条处理和错落有致的景观挑台，使建筑形式清新典雅、贴近自然（见图 5-7-5）。

建筑的色彩，以暖色为主调，辅以白色点缀，形成鲜明的色彩对比。增加立面的层次感，强调细节设计，在细腻中体验建筑，形成回旋的建筑韵律。

图 5-7-5

图 5-7-5 东南向鸟瞰

三、由功能生成的规划结构

1 序列体系

设计依据本项目特有的地形走势和妇女、儿童两条主线对整个布局进行规划。采用集约高效的序列体系，以功能为先，统筹布置，可总结为“两轴，一带，一中心”（如图 5-7-6）。

“两轴”为贯穿整个院区的功能主轴，由西至东依次为急诊、门诊、住院部以及二期住院部，各自通过宽度为 6 米的医疗街串联。妇科与儿科是完全并行而互不干扰的。

“一带”为两条主轴的中间部分，包括入口大厅、妇儿共用的医技部分和行政中心。既联系紧密又自成一体。行政中心同时又与东侧地块的生活区有机相连，充分利用地形，设计独具匠心。

“一中心”为中心庭院，为新院区医疗功能主区以及行政中心提供最美的中心景观，最大程度共享“绿意生机”和“流水院落”，建筑和景观互为依托，密不可分，深谙传统中国园林设计中“借景”“对景”等手法的精髓。

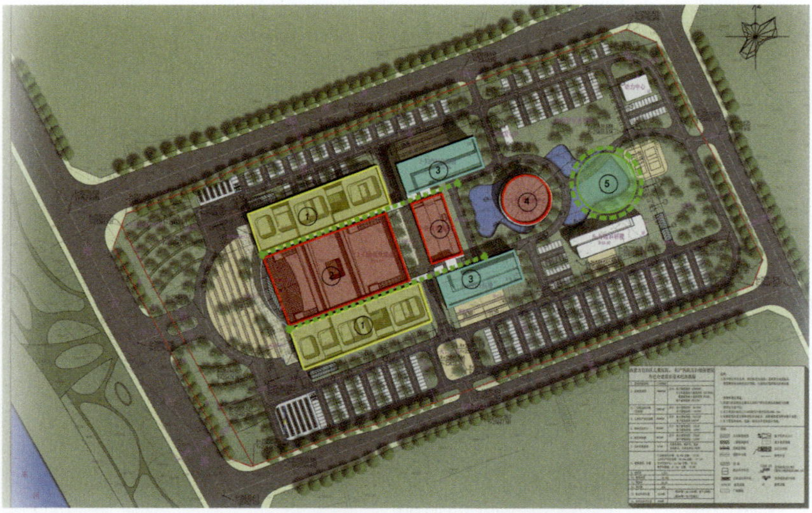

①门急诊区 ②医技区 ③病房区 ④学术中心 ⑤景观区

图 5-7-6

图 5-7-6 东南向鸟瞰

2 景观连廊

各单体之间通过环通的景观连廊连成一体，使内部功能空间互相环通，成为一个共享的使用平台。这样的布局方式能最有效地利用场地，构建出相互对话的建筑群体，而且在建立资源自由配置的逻辑的同时增加医疗功能的联系，既独立成区又互相对应，既均匀配置又使用灵活，既网络环通又高效易控（见图 5-7-7）。

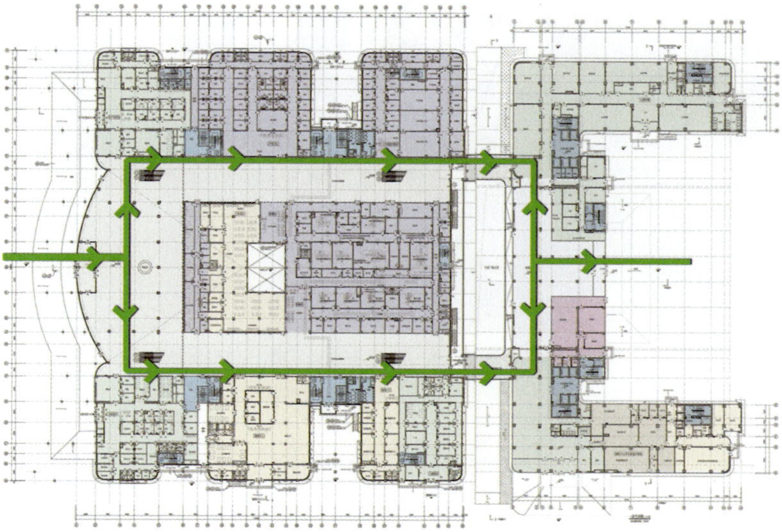

图 5-7-7

图 5-7-7 连廊分析图

3 广场庭院

规划出医院功能清晰、庄重的建筑序列后，在这一序列框架内，可使现有环境资源高效配置。我们利用围合的建筑布局，将场地划分为四个不同性质的入口广场，分别为在西侧城市道路中段留出半围合的门、急诊入口广场；东南侧为出入院探视广场；南侧为儿童保健广场；北侧为体检保健广场，如图 5-7-8 所示。通过不同类型的广场界定不同的区域，分散人流，有效地利用场地。

4 游戏空间

本方案中为照顾儿童就诊的特殊性，儿科的每层都专门设计了大量的游戏娱乐空间，一层医疗街北侧设计了三处开敞的绿化庭院，二至四层针对不同年龄段的儿童设计的游戏区，能让陪同而来的家长省心、放心。同时，将艺术品和图片的结合设计到楼道与休息空间中去，如图 5-7-9 所示。

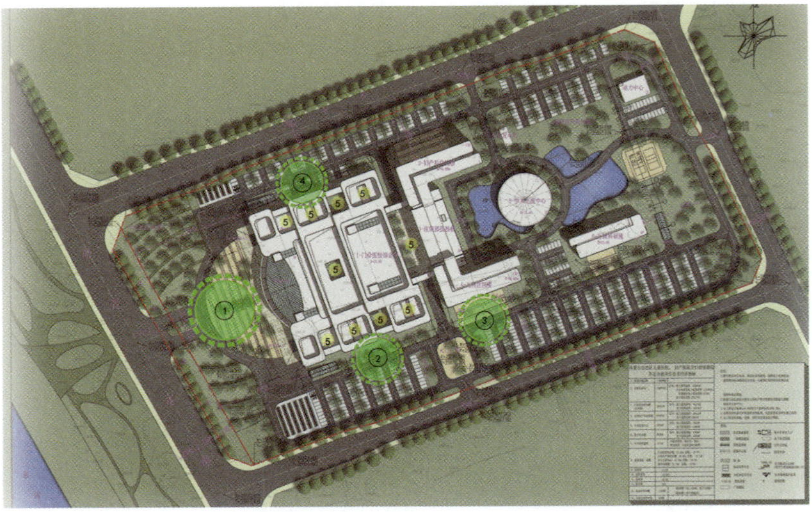

①门急诊入口广场 ②儿童保健广场 ③出入院探视广场 ④体检保健广场 ⑤庭院

图 5-7-8

5-7-8 广场庭院分析图

图 5-7-9

图 5-7-9 儿童活动区实景

5 出入口设置

医院主入口的确定：基地西侧哈拉沁路为主要人流来向，交通便利，同时西侧为哈拉沁河生态景观廊道，自然景观优美，故在此开设主入口，可以将河道景观引入医院前广场。

因用地南侧地块规划为高层住宅，对医院院区用地会有一定的阴影遮挡，故在南侧规划路开设医院的次入口——探视入口。

四、功能分区

妇儿医院的功能模块化体系是平面设计的重点，应该给妇女和儿童一种家庭般的温馨感觉。室内外空间尽量创造出多种不同的效果，以分散儿童的注意力，减轻就医的紧张氛围。

本案采用集中的功能布局方式，两条门诊医技病房轴线并行发展的路线，提高联系的便捷性。整个用地规划总共分为七大功能区块：门诊区、急诊区、医技区、病房区、行政后勤保障区、设施设备配套区、远期发展区，如图 5-7-10 所示。

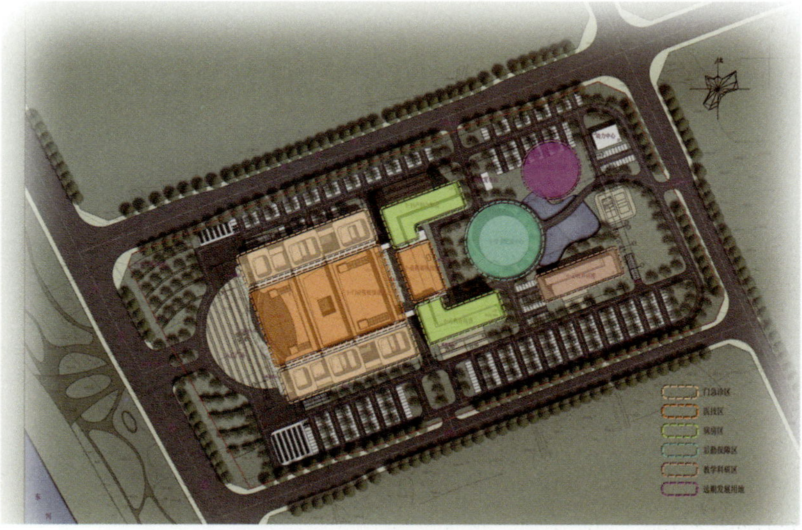

图 5-7-10

图 5-7-10 功能分区图

五、升级的智慧医疗

新院投资5000万元用于信息化建设,建设目标为"3541"。3个综合目标:建立高效节能的模块化机房和符合虚拟化需求的私有云双活数据中心;建设电子病历6级、互联互通4级甲等;实现医院管理规范化、患者服务立体化、临床信息精细化、运营管理科学化。5大信息系统:以电子病历为核心的临床信息系统,医疗管理信息系统,医院运营管理系统,医疗物联系统,医联体信息系统。4大数据中心:临床数据中心、管理数据中心、运营管理数据中心、妇女儿童保健数据中心,提供覆盖全区妇女儿童整个生命周期的健康数据。1个远程医疗平台:提供远程会诊、远程诊断、远程教育、视频会议和双向转诊等服务,促进医联体内的"专家共享、临床共享、科研共享、教学共享"。

图 5-7-11

图 5-7-11 东向人视图

图 5-7-12

图 5-7-12 外立面局部

医院建设技术应用

未来医院多元智慧物流传输系统

北京三维海容科技有限公司创建于 1993 年，集研发、生产、销售、施工及服务于一体，为医院提供医用物品自动传输的专业解决方案。至今，三维海容产品遍布全国 27 个省市，服务客户多达 500 家。

近年代表案例：

山东省烟台市毓璜顶医院莱山院区

项目信息：中型物流系统覆盖全院，应用于 38 个医技科室及诊疗区。

十堰市妇幼保健院

项目信息：由箱式物流 20 个收发站点、气动物流 16 个收发站点与污物回收系统 17 个收发站点组成的多元智慧物流系统覆盖全院，满足全院洁物、污物、医疗垃圾的智能化传输。

河北医科大学第一医院

项目信息：由箱式物流 38 个收发站点和气动物流 47 个收发站点组成的多元智慧物流系统覆盖全院，满足全院大宗型物品及小型物品的智能化传输。

成都京东方医院

项目信息：中型物流系统覆盖全院，应用于 76 个医技科室及诊疗区。

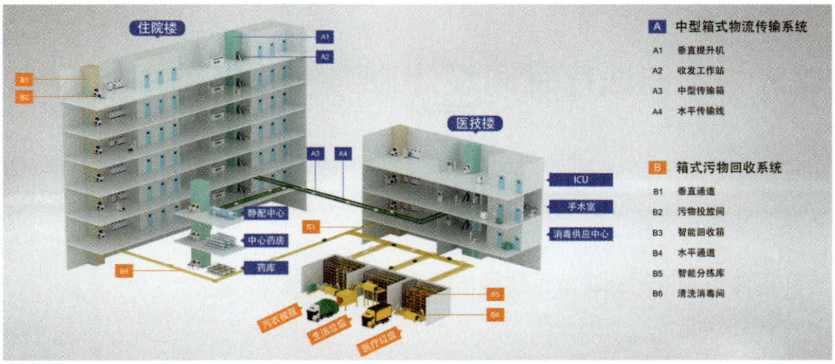

箱式污物回收系统

从垃圾分类前端解决问题，通过在院内搭建一个独立的污物运输通道，全面实现医院内污衣被服、医疗垃圾、生活垃圾的自动化分类与回收。规避医院内污衣被服、医疗垃圾、生活垃圾处理流程中出现的交叉感染、二次污染风险，满足院内感控水平及高效化后勤运营管理，是绿色智慧医院的重要建设基础。

垂直提升机

收发工作站

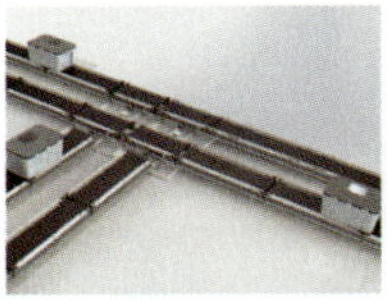
水平传输线

医用传输箱

- 一站式整体解决方案
- 应对医院所有垃圾
- 后期拓展分类，不影响整体布局
- 实现最具性价比
- 云端运维，实现全院垃圾后勤管理
- 高标准院感设计，规避疫情风险

中型箱式物流传输系统

在院内搭建一个独立的医用洁物物品运输通道，实现全院物资在临床科室、病区、医技科室和医院管理部门之间任意点到点的物品自动化传输。

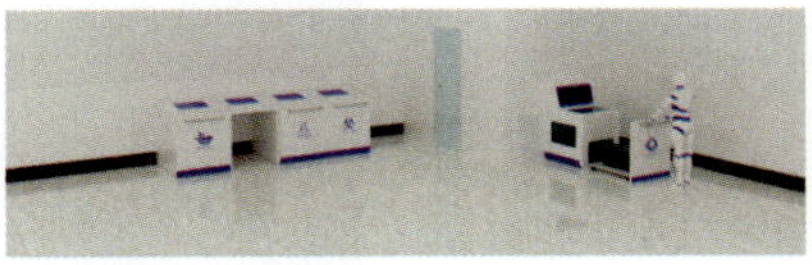
污物投放口

智能回收箱

- 节省人力成本
- 提高传输效率
- 营造良好就医环境
- 降低安全隐患
- 提升管理水平
- 符合未来发展趋势

以人为本的医疗空间设计

苏州金螳螂建筑装饰股份有限公司

· 中国建筑装饰行业企业百强第一名
· 中国建筑装饰行业第一股（002081）
· 中国建筑装饰行业第一个“中国驰名商标”
· 中国民营企业五百强
· 中小板上市公司五百强
· 中小板上市公司十佳管理团队
· 上市公司董事会“金圆桌奖”优秀董事会

金螳螂成立于 1993 年，总部设在中国苏州，经过二十多年的发展，形成了以“装饰产业为主体、电子商务与金融为两翼”的现代化企业集团，集团拥有海内外控股子公司 100 余家，公司员工 20000 多人，是绿色、环保、健康的公共与家庭装饰产业的集团。

郭建华 医疗事业部设计院院长

• 全国杰出中青年室内设计师
• 第六届中国国际设计艺术博览会资深设计师
• 第九届中国国际设计艺术博览会年度十大最具影响力设计师（医疗空间）
• 第九届中国国际设计博览会年度室内设计百强人物
• 中国十佳医院室内设计师
• 中国医学装备协会医院建筑与装备分会医院建筑材料专委会副主任委员
• 《医养环境设计》杂志社编委
• 从事建筑装饰设计 25 年，医疗设计 18 年，百所医院设计经验

作品展示

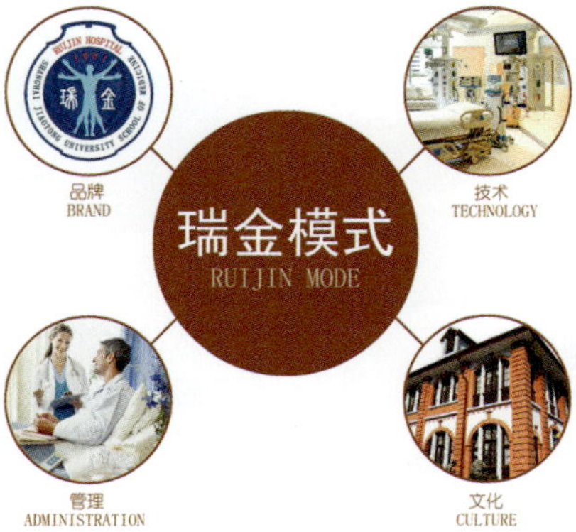

一所医院发展着自己的特色，一个品牌创造着自己的光辉，
一个摇篮孕育着自己的梦想。

无锡新区新瑞医院（上海交通大学医学院附属瑞金医院无锡分院一期）

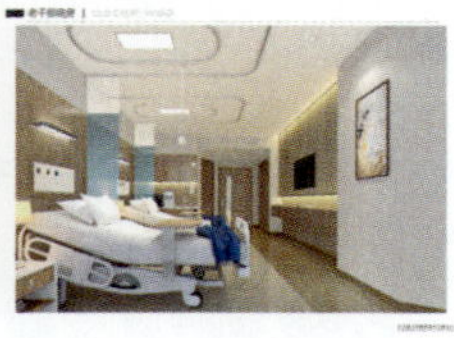

自然中的有机形，生活中的有机形，
有机形渗透室内各个空间。

长沙县人民医院——打造专业、权威、特色、人性化的现代化医院

医疗行为与固装一体化病房

广东华展医疗家具，致力于创造舒适的医疗空间，为现代医疗机构提供一站式整体解决方案，是一家集研发、生产、销售及服务于一体的专业化、综合性制造企业。产品涵盖门诊、临床、护理、医技、辅助、行政等单元的全系列医用家具设施。

华展医疗始终秉承人文、环保、洁净、耐用、高效的设计理念，先进的生产设备及医疗配套技术，将医疗设施与智能、艺术的完美结合，实现人、科技、环境的和谐统一，努力打造富有个性、舒适、和谐的智慧型生态医用空间环境。

至今已经为全国 500 多家医疗机构提供了整体医疗配套服务。

近年代表案例：

浙江大学医学院附属第一医院之江院区

现代化绿色三甲综合性医院

南昌大学第一附属医院象湖院区

华东地区最大医疗综合体

湘雅常德医院

泛湘西北区域医疗中心

淄博市妇幼保健院

全国单体量最大妇幼保健机构

医疗行为与固装一体化病房

集成化的吊顶、智能照明、置物收纳、情景控制、集成卫浴等一体化、人性化设计，在极大的缩短施工周期的同时绿色高效。为患者创造“酒店级的空间环境”“居家般的舒适享受”；同时为医院打造“一体化的设备集”“高效率的工作平台”。

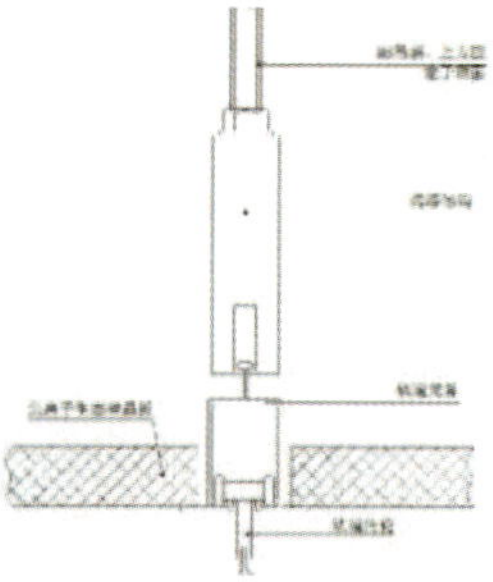

一体化病房天花系统

在院内搭建一个独立的医用洁物物品运输通道，实现全院物资在临床科室、病区、医技科室和医院管 理部门之间任意点到点的物品自动化传输。

主要功能：

①改善室内空气质量:在光能的作用下可以持续释放大量的负氧离子，改善室内空气质量；

②清除室内甲醛：产品对甲醛的降解指标达到 89%，可以做到随时清除室内产生的有害气体；

③杀灭室内病菌：产品的杀灭效果几乎是无选择性的，能有效地抑制流行病毒在空气中的传播。

一体化病房卫浴系统

整体卫浴是用一体化防水底盘组合、墙板、顶板构成的整体框架，配上各种功能洁具形成的独立卫生单元。达到淋浴、盆浴、洗漱、如厕四大功能之间的任意组合。装配式设计，有效缩短工期。

参考文献

[1]布正伟．建筑美学思维与创作智谋[M]．天津：天津大学出版社，2017.

[2]布正伟．自在生成论：走出风格与流派的困惑[M]哈尔滨：黑龙江科学技术出版社，1999.

[3]罗运湖．现代医院建筑设计（第二版）[M]北京：中国建筑工业出版社，2009.

[4]朱建．基于模块化设计原理的医院建筑设计研究[D]．南京：南京工业大学，2012.

[5]陈波，Axel Baur，王锦，王倩怡，辛梦苇，陈曦．未来已来：智慧医院发展之路[EB/OL]．https://www．sohu．com/a/327519500_651625,2019-07-17.

[6]shaobojiao．解析：智慧医疗发展的 5 大趋势．[EB/OL]．https://blog．csdn．net/shaobojiao/article/details/81529566,2017-10-28.

[7]（美）C·亚历山大．建筑模式语言[M]．王听度，周序鸿译．北京：知识产权出版社,2002.

[8]张婷．建筑审美的发展历程解析[J]．艺术教育研究，2013（13）：146.

[9]王发堂．建筑的美与形式的表情——评阿兰·德波顿的《幸福的建筑》[J]．世界建筑，2008（10）：94.

[10]（英）A·德波顿．幸福的建筑[M]．冯涛译．上海：上海译文出版社,2007.

[11]徐翊博．对未来绿色生态建筑的思考[J]．中国艺术，2018（6）．